Mit dem Hund gemeinsam unterwegs

W0333175

Lesen
Lernen
Wissen

Martina Nau

Mit dem Hund gemeinsam unterwegs

Vom entspannten Spaziergang bis zum Restaurantbesuch

CADMOS

Impressum
Copyright © 2009 by Cadmos Verlag, Brunsbek
Gestaltung: Ravenstein + Partner, Verden
Satz: Grafikdesign Weber, Bremen
Titelfoto: Frank Fritschy
Fotos: Christiane Pinnekamp, falls nicht anders angegeben
Lektorat: Dorothee Dahl
Druck: Westermann Druck, Zwickau

Alle Rechte vorbehalten.
Abdruck oder Speicherung in elektronischen Medien
nur nach vorheriger schriftlicher Genehmigung durch den Verlag.
Printed in Germany

ISBN 978-3-86127-767-5

Inhalt

Es gibt nichts Schöneres als gemeinsame Spaziergänge mit Spaß.

Auf ein Wort: Das größte Kunststück

„Das größte Kunststück für einen Menschen und seinen Hund ist es, unauffällig zu werden.“ Dieser Satz, den ich irgendwann irgendwo gelesen habe, gefiel mir auf den ersten Blick. Für dieses Kunststück muss vor allem unser Hund ein angenehmer Begleiter werden. Der Weg dorthin ist nicht immer einfach, manchmal steinig, und es gibt Schlaglöcher. Doch wenn wir durchhalten und mit Verstand und Verständnis dieses Ziel anstreben, wird er uns nicht weit vorkommen. Ob wir mit einem Leinenrambo, einem Angsthasen oder einem Jäger unterwegs sind, immer können wir etwas dagegen machen.

Hier möchte dieses Buch helfen. Denn was gibt es Schöneres als entspannte Spaziergänge und unproblematische Reisen mit unseren vierbeinigen Partnern?

Vielleicht erscheinen dem einen oder anderen langjährigen Hundefreund manche Tipps als selbstverständlich. Unerfahrene Hundehalter werden sie trotzdem dankend annehmen. Doch auch erfahrene und langjährige Hundehalter finden hier viele neue Trainingsansätze und Gestaltungsideen für Spaziergänge.

Ich wünsche Ihnen viel Spaß beim Lesen und viele spannende Erlebnisse, wenn Sie gemeinsam mit Ihrem Hund unterwegs sind.

An der Schleppleine kann jeder Hund Spaziergänge genießen, wenn er nicht frei laufen darf. Kurze Leinen sind hierfür nicht geeignet.

Der tägliche Spaziergang

Überall steht: Der Hund benötigt seinen täglichen Spaziergang. Irgendwie stimmt das. Und irgendwie auch wieder nicht. Eigentlich benötigt der Hund seinen täglichen Auslauf. Häufig sind jedoch *unser* Spaziergang und sein Auslauf nicht das Gleiche.

Ein *Spaziergang*, das ist das, was wir Menschen machen, wenn wir sinnfrei durch die Gegend laufen. *Auslauf* ist die Bezeichnung, die der Hund verwenden würde. Ein Auslauf ist nicht sinnfrei. Unser Hund möchte rennen, toben, schnüffeln, jagen, sein Revier kontrollieren, frei sein, sich „auslaufen".

Immer dann, wenn Mensch und Hund es nicht schaffen, den Auslauf-Spaziergang gemeinsam zu gestalten, gibt es Probleme. Wir kennen alle diese Probleme mit dem Gehorsam, mit der Leinenführigkeit, mit Hunderüpeleien und viele andere mehr.

Diese Art von Spaziergängen benötigt der Hund bestimmt nicht. Denn sie bringen nichts als Ärger und demnächst womöglich gesetzlich verordnete lebenslange Leinenpflicht und Stress. Nein, wir wollen das besser machen. Schließlich soll ein Auslauf-Spaziergang allen Spaß machen, nicht nur einem von beiden.

Was nehmen wir mit?

Niemand möchte mehr tragen, als es unbedingt sein muss. Aber so, wie wir unsere Brieftasche oder das Handy mitnehmen, brauchen wir auch einige wenige Dinge für den Hund. Auf jeden Fall sind das Kotbeutel, um Häufchen einzusammeln. Die können ja auch mal an der falschen Stelle abgelegt werden.

Weiter könnte es sein, dass wir mit unserem Hund trainieren oder ihn unterwegs beschäftigen möchten, vielleicht auch müssen. Ein kleines Lieblingsspielzeug, einige Leckerchen und eventuell die Pfeife sollten wir ebenfalls einpacken.

Und nicht zuletzt brauchen wir neben der kurzen Leine auch immer dann eine etwa acht bis zehn Meter lange Schleppleine, wenn der Hund nicht frei laufen kann oder darf. Bitte erwarten Sie nicht von Ihrem Hund, dass er *Ihren Spaziergang* genießt und

Ohne Sicherheitsweste wäre Mona hier kaum zu sehen.

als *seinen Auslauf* betrachtet, wenn er regelmäßig und lange an einer ein bis zwei Meter kurzen Leine gehen muss. Seien Sie fair und gönnen Sie ihm einen größeren Radius. Gleichzeitig tun Sie sich selbst etwas Gutes damit. Denn die meisten Probleme unterwegs beginnen mit einer zu kurzen Leine.

Laufen wir in der Dunkelheit, sollten wir unseren Hund zusätzlich sichern. Es gibt unzählige Hundehalsbänder, die blinken, leuchten oder reflektieren, außerdem Sicherheitswesten, mit denen der Hund am besten zu sehen ist.

Bello von Knigge

Haben Sie das auch schon beobachtet? Es gibt Hunde, die benehmen sich sehr gut, obwohl ihre Menschen rücksichtslos sind. Andere Hunde benehmen sich ausgesprochen schlecht, obwohl ihre Menschen sich nett und verständig zeigen. Im ersten Fall hat der Hund gelernt, auf die Bedürfnisse seines anspruchsvollen Menschen Rücksicht zu nehmen; im zweiten Fall hat der Hund gelernt, dass sein Mensch auf ihn Rücksicht nimmt.

Interessant aber finde ich, dass sich das Benehmen von Mensch und Hund manchmal auch spiegelt: Entweder benehmen sich beide gut oder keiner kennt Takt und Höflichkeit. Dabei könnte es so einfach sein, wenn alle Mitmenschen ein Mindestmaß an Rücksichtnahme zeigten. Es haben sich einige Regeln etabliert, die unser aller Zusammenleben leichter und schöner machen, wenn wir mit dem Hund unterwegs sind.

Höflichkeit und Nettikette

Egal, ob Ihnen ein Hundebesitzer oder Nichthundebesitzer entgegenkommt, egal, ob er sich nett verhält, ängstlich ist oder sich sogar aufregt: Mit Höflichkeit umschiffen Sie jede Streitigkeit.

Und was macht einen höflichen Hund aus? Ein höflicher Hund ist nur höflich, weil er gut erzogen ist. In einem Hunderudel erledigen das die älteren Hunde, in einer Mensch-Hund-Familie erledigt das der Mensch.

Ein höflicher Hund …

… stürzt sich nicht einfach auf jeden entgegenkommenden Hund, sondern nähert sich in normalem Tempo. Sieht Ihr Hund das nicht ein, sollte er frühzeitig angeleint werden, solange er sich nicht benimmt.

… legt sich nicht ständig wie ein Wegelagerer auf die Straße und überfällt schließlich den anderen Hund, wenn dieser ihn erreicht hat. Gehen Sie einfach weiter, falls Ihrer das macht. Notfalls nehmen Sie Ihren Hund an der Leine mit. Anders sollten Sie reagieren, wenn Ihr Hund sich aus Angst hinlegt. Darüber später mehr.

… jagt kein Wild und auch keine kleinen Hunde. Meint Ihr Hund den Jagdschein zu besitzen, sollte er an der Schleppleine gehen. Das ist nicht schön und Sie sollten gemeinsam an diesem Problem arbeiten.

… springt keine vorbeikommenden Menschen an. Setzen Sie Ihren Hund rechtzeitig

Einen nassen Hund sollte man besser anleinen, um Ärger mit anderen Passanten zu vermeiden.

ins *Sitz* und beruhigen Sie die anderen Spaziergänger auf diese Weise schon von Weitem.

Ein höflicher Mensch ...

... räumt die Hinterlassenschaften seines Hundes fort. Darum nimmt er Kotbeutel und Papiertaschentücher mit.

... grüßt auf einem schmalen Weg im Vorbeigehen den anderen Menschen. Das kostet nichts und hat auch auf den Hund einen beruhigenden Einfluss, vor allem, wenn dessen Schutz- und Wachtrieb ausgeprägt ist.

... füttert nie einen fremden Hund ohne die Erlaubnis des Besitzers.

... streichelt keine fremden Hunde. Die wenigsten mögen es, wenn ihre Individualdistanz unterschritten wird.

... berührt keinen Hund, der irgendwo angebunden ist, und beschwert sich nachher, dass er gebissen wurde. In diesem Fall hat sich der Hund nämlich bedroht gefühlt.

... geht zügig weiter, wenn er bemerkt, dass eine Hundebegegnung nicht nett verlaufen könnte. Auf keinen Fall provoziert er eine Auscinandersetzung, indem er stehen bleibt.

... lässt seinen Hund nicht andere Leute anspringen, schon gar nicht, wenn dieser nass ist. Im Zweifelsfall bleibt der Hund dann besser an der Leine.

Die Anleinregel …

… ist eine einfache Regel. Trotzdem stellt man sich ständig die Frage aller Fragen, wenn einem ein anderer Hund entgegenkommt: Leine ich meinen Hund an oder nicht? Die Antwort darauf ist kurz: Kommt uns ein angeleinter Hund entgegen, leinen wir unseren Hund an. Läuft der entgegenkommende Hund frei, lassen wir unseren auch frei laufen. Was aber, wenn wir unseren nicht frei laufen lassen können, weil er verletzt oder läufig ist oder zu ungehorsam für den Freilauf? Dann müssen wir uns mit dem Besitzer des anderen Hundes verständigen, damit dieser seinen Hund anleint. Jeder Hundebesitzer sollte dafür Verständnis haben, dass nicht alle Hunde frei laufen können.

Und was, wenn der Besitzer des entgegenkommenden Hundes diesen nicht anleint? Häufig gibt es in diesem Fall große Meinungsverschiedenheiten, zuerst unter den Hunden, dann unter den Menschen. Kommt der andere Hund auf Ihren zu und die beiden stürzen sich aufeinander, sollten Sie unbedingt sofort die Leine loslassen. Sie müssen Ihrem Hund die Möglichkeit geben, sich genauso frei bewegen und damit kommunizieren zu können wie der unangeleinte Hund.

Gehen Sie nun am besten zügig Ihres Weges und rufen Ihren Hund im Weitergehen. Wenn der andere Mensch nun auch weitergeht, löst sich der Hundeknoten in Sekundenschnelle und Sie alle haben keinen Stress miteinander. Die falscheste aller Reaktionen wäre, die Hunde mit Schreien oder Zerren trennen zu wollen oder stehen zu bleiben. Damit heizen Sie die Prügelknaben noch weiter an und provozieren womöglich ernste Verletzungen bei Menschen und Hunden.

So lieber nicht: Entweder sollten beide Hunde an- oder abgeleint sein.

Spaziergänge mit Welpen und jungen Hunden

Spaziergänge mit Welpen und jungen Hunden sind besonders beliebt. Man möchte der Welt den Welpen zeigen. Man möchte dem Welpen die Welt zeigen. Man genießt es, in der Natur zu sein, und es macht vor allem Spaß, mit dem niedlichen, lustigen Vierbeiner Zeit zu verbringen.

Aber Achtung! Was in den ersten Lebensmonaten falsch läuft, ist häufig später nur mit viel Geduld und langwierigem Training wiedergutzumachen. Das muss nicht sein.

Zunächst einmal sollte ein Spaziergang mit einem jungen Hund nicht zu lang sein. Bewährt hat sich die Faustformel von fünf Minuten pro Lebensmonat am Tag. Das heißt, dass ein Junghundbesitzer mit einem sechs Monate alten Hund einmal täglich 30 Minuten laufen sollte. Der gleichförmige Bewegungsablauf des Geradeausgehens sollte nicht zu lange dauern. Mehr ist für die Gelenke in dieser extremen Wachstumsphase ungesund. Besser ist es, ihn im Garten toben und spielen zu lassen. Dies auch gern mit anderen Hunden, damit er regelmäßigen Sozialkontakt hat.

Weiterhin ist es wichtig zu wissen, dass Welpen generell keinen Welpenschutz genießen. Viele Hunde möchten lieber nicht von frechen und flippigen Welpen belästigt werden und reagieren manchmal zu heftig abwehrend. Die Gefahr, dass der Welpe demnächst zum Beispiel Angst vor großen, gestromten Hunden bekommt, besteht auf jeden Fall. Wenn Sie zufällig gemachte schlechte Erfahrungen Ihres noch jungen Hundes verhindern möchten, lassen Sie ihn besser nicht zu jedem fremden Hund, den Sie unterwegs treffen. Bringen Sie ihn stattdessen lieber kontrolliert mit erwachsenen Hunden zusammen, von denen Sie wissen, dass sie den Welpen vernünftig behandeln und eventuell auch welpengerecht erziehen.

Eine weitere gute Idee ist es, sich auf Spaziergängen immer wieder mal zu verstecken, wenn der junge Hund beginnt, unaufmerksam zu werden und offensichtlich mit sich allein geht statt mit seinem Besitzer. Lassen Sie ihn ruhig ein wenig nach Ihnen suchen, ehe Sie sich zeigen und ihn zu sich rufen. Die Erleichterung wird dann groß sein und er wird besser auf Sie achten. Bis zum vierten Lebensmonat besitzen Welpen einen Folgetrieb. Nutzen Sie ihn möglichst oft, indem Sie den Welpen hinter sich herlaufen lassen. Entfernen Sie sich auf jedem Spaziergang immer mal wieder schnell von Ihrem jungen Hund und rufen ihn zu sich, während Sie weiterrennen. Hiermit legen Sie einen guten Grundstein dafür, dass Ihr Hund gehorsam und aufmerksam wird.

Nehmen Sie Ihren Welpen nicht auf den Arm, wenn Sie befürchten, eine Hundebegegnung könnte nicht gut ausgehen. Damit vermitteln Sie ihm, dass diese Situation gefährlich ist, und Sie erziehen sich womöglich einen Angsthasen oder einen Giftzwerg, der aus sicherer Höhe von Ihrem Arm nach unten kläfft. Laufen Sie lieber vorausschauend und biegen Sie notfalls von Ihrem Weg ab, um diese Situationen zu vermeiden.

Ab dem ungefähr fünften Lebensmonat kann jeder Junghundbesitzer damit rechnen, dass sein Zögling die ersten Jagderlebnisse sucht und sich zu verselbstständigen beginnt. Es ist ein genetisches Programm, das in diesem Lebensabschnitt abläuft, und man kann es nicht verhindern. Sobald Sie bemerken, dass diese Phase beginnt, lassen Sie Ihren Hund einige Wochen nur an einer acht bis zehn Meter langen Schleppleine laufen. Meiden Sie in diesem Alter auch Gebiete, in denen sich vermehrt Wild aufhält.

Sollte Ihr Hund trotzdem Jagdansätze beim Anblick oder Erschnüffeln von Wild zeigen, quittieren Sie bereits sein erstes Interesse beim Hinsehen mit einem dunklen, knurrenden „Nein!". Zerren Sie ihn nicht an der Leine zurück, sondern warten Sie an straff gehaltener Leine, bis er sich in irgendeiner Form abwendet vom Wild. Dann locken Sie ihn mit hoher, freundlicher Stimme zu sich zurück und belohnen ihn mit einem Superleckerchen, während er Sie anschaut. Wenn Sie Ihrem Junghund auf diese Weise konsequent klarmachen, dass Sie dieses Verhalten nicht wünschen, vermeiden Sie für die Zukunft eine Menge Probleme. Selbst wenn der angeborene Jagdtrieb Ihres jungen Hundes groß ist, schaffen Sie mit dieser Reaktion auf Wild eine gute Ausgangsbasis für ein erfolgreiches Training gegen unkontrolliertes Jagen.

Auf keinen Fall sollten Sie mit einem Welpen oder einem Junghund Spaziergänge mit anderen unerzogenen und jagdtriebigen Hunden machen. Hunde lernen schneller voneinander als von uns Menschen. Nutzen Sie Ihre Zeit lieber, gemeinsam mit Ihrem Hund Abenteuer zu erleben und viele positive Erlebnisse in seine Erziehung einzubauen.

Und noch ein Tipp, der jedem Hundehalter später viel Ärger erspart: Lassen Sie Ihren jungen Hund von Anfang an nicht zu jedem Hund laufen, der Ihnen entgegenkommt. Trainieren Sie ein ruhiges und diszipliniertes Vorübergehen. Sonst besteht die Gefahr, dass sich der Hund demnächst auf jeden Hund stürzt, um mit ihm zu spielen oder seine Kräfte mit ihm zu messen – und nicht mehr abrufbar ist.

Abwechslung

Bitte gehen Sie mit Ihrem Hund auf keinen Fall regelmäßig in den gleichen Gebieten und auf den gleichen Wegen spazieren. Vor allem bei territorial orientierten Hunden kann es Probleme mit Artgenossen geben, weil diese als Eindringlinge in das eigene Revier betrachtet werden.

Hund verloren?

Sie laufen im Wald oder über Felder und plötzlich ist es passiert: Ihr Hund ist fort. Sie rufen, pfeifen, halten Ausschau, aber der Hund kommt nicht zurück. Diese Gefahr ist am größten auf den täglichen Spaziergängen, denn dort kennen sich unsere Hunde besonders gut aus und fühlen sich sicher.

Adressanhänger und die Marke eines Haustierregisters helfen, einen verloren gegangenen Hund schnell wiederzufinden.

Was tun?

- Rufen Sie nur anfangs einige Male seinen Namen (für den Fall, dass er zurückkommen möchte, sich aber vielleicht verlaufen hat).

- Kommt er nicht bald zurück, warten Sie eine Weile und seien Sie still. Denn manche Hunde sind beruhigt, solange sie das Rufen hören, und jagen unbesorgt weiter. Sie wissen ja, wo ihr Mensch sich gerade aufhält, weil er ständig seine Position durchgibt wie ein Leuchtturm. In vielen Fällen werden Hunde unsicher, wenn sie keine Rufe mehr hören, und kommen zurück.

- Irgendwann nutzt kein Warten mehr. Lassen Sie am besten einen persönlichen Gegenstand – ein Halstuch oder einen Handschuh – an dem Ort, an dem Sie Ihren Hund verloren haben, und gehen zurück nach Hause oder zum Auto. Häufig wartet der Ausreißer dort schon.

- Falls Ihr Hund derweil nicht zu Hause oder am Auto auf Sie wartet, sollten Sie Tierärzte, Tierheime und die Polizei informieren, nur für den Fall, dass ihn dort jemand abgibt. Wenn Ihr Hund gechipt und bei einem Haustierzentralregister angemeldet ist, sollten Sie auch dort nachfragen, ob ihn bereits jemand gefunden hat.

- Ist Ihr Hund nach einem oder zwei Tagen nicht wieder eingetroffen, hilft manchmal eine Annonce in einer regionalen Zeitung oder eine Suchmeldung im regionalen Rundfunk. Wichtig ist, dass möglichst ein Anhänger am Halsband Ihres Hundes hängt, auf dem Ihre Adresse (Achtung: im Urlaub die Urlaubsadresse!) und Ihre Handynummer steht.

Haustierregister

Jeder Hundebesitzer sollte seinen Vierbeiner bei einem Haustierregister anmelden. Mit dessen Hilfe können verloren gegangene Haustiere anhand ihrer einmaligen Chipnummer identifiziert und die Besitzer so schnell wie möglich informiert werden. Anmeldeformulare gibt es bei den meisten Tierärzten oder im Internet.

Die Mischung macht's: Training, Spaß und Freizeit

Gerade der tägliche Spaziergang mit unserem Hund droht schnell zu einem alltäglichen Einerlei zu werden. Die Gefahr ist sehr groß, dass sich der Hund immer dann andere Hobbys und Beschäftigungen sucht. Wir nennen diese Hobbys Streunen, Jagen, He-

Oh, wie spannend: Maja lernt auf einem Spaziergang Damwild kennen.

rumpöbeln; für unseren Hund bedeuten sie interessante Abenteuer und Kurzweil.

Daher ist es für alle besser, wenn der Spaziergang aus kurzen spannenden Trainingseinheiten besteht, aus spaßiger Beschäftigung und natürlich zwischendurch immer mal wieder aus Freizeit, in der Ihr Hund seine Hundezeitung am Wegesrand lesen kann und Sie Ihren Gedanken nachhängen können.

Wichtig zu wissen:

- Gehen Sie nicht täglich den gleichen Weg.
- Leinen Sie Ihren Hund nicht immer an der gleichen Stelle an oder ab.
- Lassen Sie Ihren Hund nicht von anderen Leuten füttern.
- Wenn Sie Ihren Hund zurückrufen, dann muss es für ihn einen Sinn haben: Wechseln Sie die Laufrichtung oder machen Sie irgendetwas mit ihm gemeinsam.
- Werfen Sie Ihrem Hund nicht ständig Bälle.
- Lassen Sie Ihren Hund keine Äste tragen. Falls sie während des Tragens zerbrechen, könnten sie sich in den Rachen bohren. Außerdem geben als Beute zur Schau getragene Äste immer wieder Grund zu Raufereien unter Hunden.

„Erwischen“ Sie Ihren Hund dabei, wenn er lieb ist. Ronja wartet brav, bis sie aussteigen darf.

Nur ein Beispiel: Eine Stunde Spaziergang

Den perfekten Ein-Stunden-Spaziergang gibt es nicht. Jeder Hund hat andere Bedürfnisse. Bedürfnisse hat auch der Mensch, und so ist es wichtig, dass Mensch und Hund Spaß haben und das bekommen, was sie beide brauchen. Ein Spaziergang, wie unsere

Hunde und wir ihn lieben, sieht folgendermaßen aus:

Das Auto verlassen wir auf einem Parkplatz; die Hunde sind angeleint. Wir parken – falls möglich – so, dass die Hunde maximal fünf Minuten an der Leine laufen müssen, weil das nämlich nicht ganz so viel Spaß macht wie Freilauf. Wir nutzen den Weg für korrekte Fußübungen. Immer.

Nach einem kurzen Blickkontakt mit ihnen leinen wir die Hunde ab. Sie dürfen aber erst mit dem Wort *Lauf* laufen. Denn einfach nach dem Klicken des Karabiners abhauen – das ist verboten! Jetzt geht die Post ab: Sie rennen, schnüffeln, springen sich an, erledigen ihr Geschäft; das Ganze dauert zwei, drei Minuten – und dann schauen sie wieder bei uns vorbei. Dafür gibt es auch für unsere Senioren manchmal noch ein Leckerchen. Vollkommen gratis und ohne weitere Gegenleistung, weil wir es schön finden, dass sie sich so schnell wieder an uns erinnern. Einem jungen Hund geben wir anfangs regelmäßig entweder ein Leckerchen oder ein kurzes Spiel mit seinem Lieblingsspielzeug, wenn er kurz bei uns vorbeischaut. Diese Erfahrung hält beim Hund meist ein ganzes Hundeleben lang.

Anschließend schicken wir sie wieder fort mit *Lauf*, was sie dann auch freudig machen. Wir achten immer darauf, dass sie nicht ins Unterholz gehen oder sich zu weit entfernen. Das kommt zwar selten vor, aber manchmal verlieren sie sich in schönen Gerüchen.

Nach einigen Minuten rufen wir unsere Hunde wieder heran. Entweder haben wir im Vorbeigehen auf dem Weg eine Aufgabe aufgebaut oder wir machen das nun. Dazu setzen wir sie ins *Sitz* und lassen sie dabei zuschauen. Die Aufgaben wechseln je nach Sportart, Ausbildungsstand oder Motivation täglich.

Wann immer es geht, binden wir entgegenkommende Hunde und Menschen in unser Training ein. Zum Beispiel legen wir unsere Hunde ab und entfernen uns einige Meter, während Spaziergänger vorbeigehen. Das wird natürlich systematisch aufgebaut. Meistens sind es drei, vier Übungen, dann ein kurzes *Frei-bei-Fuß*-Laufen, dann werden sie mit *Lauf* fortgeschickt und sie amüsieren sich wieder allein.

Kommt uns ein Hund entgegen, den wir nicht kennen, müssen unsere Abenteurer erst einmal zu uns und *Fuß* laufen. Sie sollen sich nicht im Doppel- oder Dreierpack auf andere Hunde stürzen. Wenn wir uns mit den

Welch ein genialer Spaziergang für Henry: Freizeit …

fremden Hundebesitzern verständigt haben (oft kennt man sich auch), bleiben unsere Hunde entweder im *Frei bei Fuß* oder wir leinen sie an oder sie dürfen laufen, um mit den anderen Hunden kurz zu spielen. Was genau geschieht, entscheiden wir immer in der aktuellen Situation. Damit bleiben wir unberechenbar, aber auch spannend.

Je nach Bedarf, Alter oder Spaß des Hundes legen wir mindestens noch eine zweite Trainings- oder Beschäftigungseinheit ein, manchmal auch eine dritte gegen Ende des Spaziergangs. Auch hier ist Training immer gleich Beschäftigung. Wir machen Blickkontaktübungen, Futtersuchspiele, Apportiertraining und üben Tricks, immer in Verbindung mit Standruhe und Impulskontrolle. Zum Beispiel festigen wir ein schnelles *Sitz* aus der Bewegung oder in der Entfernung, indem wir das Zeichen geben und gleichzeitig ein Spielzeug werfen, das sie zur Belohnung holen und behalten dürfen. Es gibt unzählige Möglichkeiten, gemeinsam etwas zu unternehmen.

Auf einem Spaziergang sollten alle Teilnehmer Spaß haben, gerade junge Hunde müssen auf ihm aber auch lernen, und zwar das Richtige. Denn sie lernen eigentlich immer etwas, nur leider manchmal das Falsche. Warum also nicht die Zeit nutzen und Spaß, Lernen und Beschäftigung miteinander verbinden?

Wenn wir den Spaziergang schließlich am Auto beenden, sind unsere Hunde glücklich und ausgelastet. Sie hatten alles, was sie brauchen, und freuen sich auf ein gemütliches Stündchen zu Hause in ihren Körben. Denn dort wartet bereits für jeden ein Kauknochen.

... Beschäftigung ...

... und Training.

Aufmerksamkeits- und Bindungstraining

Es zahlt sich immer aus, wenn man eine gute Bindung zu seinem Hund nicht dem Zufall überlässt. Zwei Fragen stellen sich: Wozu braucht man eine gute Bindung zu seinem Hund? Und wie stelle ich sie her?

Eine gute Bindung erleichtert das Zusammenleben von Mensch und Hund ungemein. Wenn man unterwegs ist, achtet der Hund generell besser auf seinen Menschen, kommt immer mal wieder zu ihm, schaut ihn häufig an und lässt sich – eines der wichtigsten Dinge überhaupt – durch jede auch noch so

Blickkontaktübung direkt neben den Schafen – kein Problem für Mona.

schwierige Situation von seinem Menschen leiten. Im Zweifelsfall überlässt er eine Entscheidung, zum Beispiel, ob ein anderer Hund gefährlich ist oder nicht, lieber seinem Menschen, statt selbst in Aktion zu treten.

Wie stelle ich nun auch unterwegs eine gute Bindung zu meinem Hund her? Gemeinsame Spiel- und Beschäftigungsphasen in Abwechslung mit kurzen positiven Trainingseinheiten während eines Spaziergangs stärken die Bindung zwischen Mensch und Hund um ein Vielfaches.

Was aber, wenn der Hund weder Interesse am Spiel noch am Training zeigt? Was, wenn alles um ihn herum interessanter ist als sein eigener Mensch? Manche Hunde sind geradezu gefangen in ihrer eigenen Hundewelt: Jeder Grashalm ist wichtig, jeder andere Hund interessant. Ist das so, sollten Sie dringend regelmäßiges Aufmerksamkeitstraining machen. Vergessen Sie nicht, dass dies nur Sinn macht, wenn Sie hierfür eine Schleppleine einsetzen und ihn nicht an einer kurzen Leine führen. Wie sonst könnten Sie beurteilen, ob Ihr Hund zunehmend häufiger freiwillig in Ihrer Nähe bleibt oder immer noch weit fort möchte von Ihnen?

Eine gute Idee ist es, den Hund auf dem Spaziergang zu füttern. Nehmen Sie einen hungrigen Hund und seine Futterration mit hinaus in die Natur. Einen Teil des Futters bekommt er nun für jeden Blickkontakt, den er Ihnen freiwillig gibt. Gehen Sie aufmerksam mit Ihrem Hund und fangen Sie anfangs jeden auch noch so kurzen Blick ein. Ist das Futter nicht attraktiv genug, steigen Sie für diesen guten Zweck um auf die besten Leckerchen, die Sie finden können.

Einen anderen kleinen Teil seines Futters (oder der Leckerchen) bekommt er aus seinem Futternapf – mitten in der freien Natur! Er muss ihn sich allerdings erarbeiten. Anfangs soll er nur absitzen, dann bekommt er ein Freikommando. Später setzen Sie den Napf immer weiter von ihm ab und schicken ihn mit einer Geste *und* einem Wort darauf voran. Auf diese Weise setzen Sie das Fortlaufen von Ihnen unter Signalkontrolle und schaffen damit eine weitere gute Basis für Abrufübungen. Rufen Sie ihn anschließend sofort wieder zu sich zurück, sobald er den Napf geleert hat.

Eine der wichtigsten und besten Aufmerksamkeitsübungen ist die Blickkontaktübung. Man kann sie immer und überall einbauen. In der ersten Phase nehmen Sie mehrere Leckerchen in beide Hände, machen diese zu Fäusten und halten Sie sich selbst vor das Gesicht. Schaut der Hund Sie an, bekommt er *sofort und ganz schnell* ein Leckerchen aus einer der beiden Hände. Sagen Sie kein Wort. Erwidern Sie nur freundlich den Hundeblick. Wenn Ihr Hund Sie nun oft und lange anschaut, strecken Sie die beiden Arme nach rechts und links aus, in beiden Fäusten sind wiederum Leckerchen. Sagen Sie auch diesmal nichts und warten Sie, bis Ihr Hund Sie anschaut. In diesem Moment geben Sie ihm mal ein Leckerchen aus der linken, mal aus der rechten Hand. Was geschieht nun mit dem Hund? Er lernt, Sie anzuschauen, obwohl das, was er gern hätte, nicht dort ist, wohin er schaut. Und er bekommt das, was er gern hätte, immer dann, wenn er Sie anschaut, obwohl es woanders ist. Kompliziert? Eigentlich nicht. Denn genau das soll Ihr Hund ja ständig können, wenn er mit Ihnen

Warum Maja allein buddeln lassen? Gemeinsam macht es mehr Spaß.

zusammen ist: seine Aufmerksamkeit von all den tollen, aufregenden Dingen in der Umwelt abwenden und auf Sie richten.

Eine andere gute Variante, Aufmerksamkeit mithilfe des Futters zu verbessern, ist die Handfütterung. Setzen Sie sich doch einfach mal auf eine Parkbank oder in den Wald oder auf eine Bank mitten in der Stadt und geben Ihrem Hund Stückchen für Stückchen seines Futters (oder der Leckerchen). Bei jedem Happen sollte der Hund Sie ansehen.

Wenn Sie mit Ihrem Hund anfangs unterwegs sind, belohnen Sie jedes freiwillige Anschauen und Zu-Ihnen-Zurückkommen. Wichtig ist hier die Freiwilligkeit. Sie müssen in fortgeschrittenem Trainingsstadium ja nicht jedes Mal ein Leckerchen herausrücken, können aber durch ein nettes Wort Ihren Hund kurz belohnen oder sein Lieblingsspielzeug blitzschnell aus der Tasche zaubern und ihn mit einem Spiel belohnen.

Bewährt hat sich auch folgende Übung: Legen Sie ein Leckerchen zwischen oder auf die Vorderpfoten des liegenden Hundes. Er darf es erst auf Ihr Zeichen hin nehmen. Später können Sie auch mehrere Leckerchen um ihn herum verteilen oder jeweils eines auf jeder Pfote platzieren. Dann soll er Sie erst ansehen, ehe Sie ihm sagen, welches er nehmen darf. Oder Sie führen ein Leckerchen sehr, sehr langsam vor den Augen des Hundes von links nach rechts, von oben nach unten, legen es auf den Boden, heben es wieder auf – und geben es ihm irgendwann mit einer langsamen Bewegung. Wir nennen dies die „Zeitlupenübung". Je langsamer Sie die Bewegungen ausführen, desto mehr muss sich der Hund konzentrieren.

Lustig wird auch die Reaktion Ihres Hundes sein, wenn Sie plötzlich das machen, was sonst er immer macht. Buddeln Sie doch mal mit den Händen oder Schuhen oder mit einem Ast ein Loch. Geben Sie vor, ganz beschäftigt zu sein, und schauen Sie Ihren Hund auf keinen Fall an. Hunde sind neugierig, und so wird auch Ihrer schnell herbeieilen, um zu sehen, was Sie da machen. Wahrscheinlich wird er mitbuddeln wollen, und genau das möchten wir auch. Buddeln Sie dann gemeinsam um die Wette. Vielleicht machen Sie ja mal eine kleine Schatzsuche daraus und lassen ihn ein Leckerchen finden – oder etwas noch viel Besseres?

Die meisten Hunde fühlen sich sehr sicher, wenn sie den täglichen bekannten Weg gehen. Sie achten auf jede Kleinigkeit, die anders riecht oder aussieht, weil sie ja „ihr Revier" abschreiten. Die tägliche Eintönigkeit lässt sie stets nach neuen Herausforderungen auf alten Wegen suchen.

Wenn Sie jedoch ständig neue Wege gehen und unbekannte Gegenden aufsuchen, ist Ihr Hund deutlich unsicherer und wird sich mehr an Ihnen orientieren. Nutzen Sie dies und nehmen Sie lieber auch mal eine kurze Autofahrt in Kauf, als das Risiko einzugehen, dass der Hund gedanklich und tatsächlich seine eigenen Wege geht.

Weitere gute Aufmerksamkeits- und Bindungsübungen für unterwegs sind solche, bei denen der Hund etwas erschnüffeln oder suchen muss, oder bei denen er sein Herrchen oder Frauchen aufmerksam anschauen soll.

Aufmerksamkeits- und Bindungstraining

- Blickkontaktübung
- Zeitlupenübung
- Kurze Spiel- und Beschäftigungsphasen
- Kurze, positive Trainingseinheiten
- Fütterung aus dem Futternapf in freier Natur
- Handfütterung
- Jeden freiwilligen Blickkontakt belohnen
- Gemeinsames Buddeln
- Spaziergänge in unbekannten Gegenden
- Leckerchen zwischen oder auf Pfoten erst nach Erlaubnis nehmen
- Aufmerksamkeitsübungen wie: Schnapp, Riech und Such, Schau

Und auch das verbindet: gemeinsame Ruhepausen.

Entspannungstraining für den Zappelbello

Leider sind manche Hunde so erregt, sobald sie das Haus verlassen, dass sie kaum noch ansprechbar sind. Andere Hunde zeigen dieses Verhalten nur, wenn ihnen Hunde oder Radfahrer entgegenkommen oder wenn sie durch die Stadt laufen. Immer sind Auslöser diejenigen Reize, mit denen der Hund schlecht umgehen kann. Sind es nur einige wenige Reize, kann man konkret mit ihnen trainieren. Ein langsamer Aufbau und regelmäßiges Training sind wichtig. Zudem sollte der Hund immer aus der aufregenden Situation herausgeholt werden, kurz ehe er sich aufregt.

Manchmal ist ein Hund aber hyperaktiv, nahezu unansprechbar bei geringsten Außenreizen. Hierfür kann es sehr unterschiedliche Ursachen geben. Eine häufige ist ein mangelhaftes Zusammenspiel der Botenstoffe im Gehirn. Sind Neurotransmitter wie Dopamin, Noradrenalin und Serotonin nicht im Gleichgewicht, werden Informationen unzureichend weitergeleitet und vom Gehirn verarbeitet. Diese Hunde nehmen viele Dinge anders wahr und weichen in ihrem Verhalten stark von der Norm ab.

Manchmal könnte auch eine Schilddrüsenerkrankung, eine Allergie oder eine andere Krankheit hinter Hyperaktivität oder einer

Wer sich so aufführt wie die wilde Mona, …

Aufmerksamkeitsstörung stehen. In extremen Fällen sollte der Hund immer medizinisch untersucht werden.

Manchmal fehlen einem hyperaktiven Hund aber auch einfach Hemmmechanismen, die er hätte erlernen sollen. Vielleicht war die Mutterhündin zu überlastet oder es gab gar keine. Vielleicht haben aber auch die Besitzer es versäumt, im Welpen- und Junghundalter klare und für den Hund verständliche Grenzen zu setzen, sodass dieser immer hemmungslos seine Launen und Vorlieben ausleben konnte.

Einige Hunde leiden auch unter chronischer Unterbeschäftigung und werden hierdurch ganz „verrückt“. Egal, welches die Ursache für ein solches Verhalten ist, sie sollte erforscht werden. Aber immer können wir auch in der aktuellen Situation einiges verbessern, wenn wir „richtig“ gemeinsam unterwegs sind.

Einen Zappelbello fahren Sie sehr erfolgreich durch langsame Bewegungen herunter, sobald er sich aufregt. Lassen Sie ihn sich nicht zu weit hineinsteigern in seinen Stress. Vermeiden Sie selbst schnelles Gehen, wildes Gestikulieren und eine hektische Sprache. Sprechen Sie ihn nicht an und versuchen Sie ihn auf keinen Fall mit Worten zu beruhigen. Ignorieren Sie sein verrücktes Verhalten, vermeiden Sie Blickkontakt. Eine gute Idee ist es, sich irgendwo hinzusetzen und *nichts* zu machen. Warten Sie einfach ab, bis Ihr Zappelbello wieder ansprechbar ist. Sobald er dies ist, belohnen Sie ihn durch

... wird einfach nicht beachtet ...

... und lernt so zu warten.

Aufmerksamkeit. Wenn Sie nun aufstehen, um weiterzugehen, machen Sie dies langsam, am besten in Zeitlupe. Schießt der Hund dann wieder nach vorn, setzen Sie sich augenblicklich wieder hin.

Eine andere Lösung ist immer, stehen zu bleiben, die Leine auf den Boden zu werfen, mit dem Fuß daraufzutreten und den Hund nicht zu beachten. Sie werden sehen, wie schnell der Hund zusehends ruhiger wird. Wenn Sie dies bei einem Hund immer sofort dann machen, wenn Sie merken, dass er unruhig wird, konditionieren Sie im Lauf der Zeit dies als Entspannungsgeste. Achten Sie darauf, dass die Leine nicht zu kurz ist. Der Hund muss sich immer gut bewegen, darf sich aber auch nicht zu weit fortstürzen können. Sprechen Sie auf keinen Fall mit ihm, solange er unruhig ist. Erst wenn er sich beruhigt hat, können Sie ihn durch Aufmerksamkeit belohnen.

Und auch bei diesem Problem leistet die oben beschriebene Blickkontaktübung gute Dienste. Machen Sie sie vor allem bei den Hunden häufig, die schnell nervös sind und sich schlecht konzentrieren können. Beginnen Sie jedoch immer mit niedrigwertigen Leckerchen in einer sehr reizarmen Umgebung und arbeiten sich bei steigenden Ablenkungen mit immer hochwertigeren Leckerchen auch in sehr reizbelastete Situationen hinein.

Ist Ihnen dies gelungen, nehmen Sie immer wieder während des Tages – egal, wo Sie sind – ein Leckerchen oder Spielzeug zur Hand und lassen es Ihren Hund mit den Augen verfolgen, aber nur mit den Augen. Er soll nicht hinterherlaufen. Er sollte dazu im *Sitz* oder *Platz* bleiben. Bewegen Sie es *ganz langsam*. Das ist wichtig! Bewegen Sie es hin und her, rauf und runter. Anfangs geben Sie es ihm nach wenigen Sekunden, wenn er ruhig sitzen bleibt. Später lassen Sie es ihn immer länger verfolgen, ehe er es von Ihnen bekommt. Werfen Sie es nicht fort, sondern geben Sie es ihm direkt in den Fang. Bei dieser Übung lernt der Hund sich zu konzentrieren. Gleichzeitig verbraucht das Gehirn Energie, die ihm nicht mehr zur Verfügung steht, um sich aufzuregen. Tja, Fernsehen macht eben müde.

Hauptsache warten: *Sitz* und *Platz*

Sitz und *Platz* gehören zu den wichtigsten Vokabeln, wenn man unterwegs ist. Richtig trainiert, können wir sie ebenfalls zur Entspannung für unseren Zappelbello einsetzen.

Richtig trainiert heißt in diesem Fall, dass der Hund nicht nur lernen muss, im *Sitz* oder *Platz* zu bleiben, sondern dass das Training ausschließlich über positive Bestärkung und sehr ruhig abläuft. Denn wenn ein Hund diese Vokabeln schon mit Aufregung verbindet, weil das Training nicht ruhig und konzentriert war, dann stapeln sich diese Gefühle auf den Stress, den er unterwegs ohnehin hat. Dies sind dann häufig die Hunde, die außerhalb ihres Hauses kaum in der Lage sind, einige Sekunden – geschweige denn Minuten – ruhig sitzen oder liegen zu bleiben, sondern ständig nervös aufspringen. Richtig trainiert bedeutet also: Sobald unser Hund die Vokabeln *Sitz* oder *Platz* hört, entspannt er sich.

Wir sprechen von Standruhe oder Impulskontrolle, wenn ein Hund gelernt hat, nicht

Monty bleibt sitzen, egal, ob Züge vorbeifahren, …

… Menschen und Hunde vorübergehen …

… oder das Dummy fliegt, …

… das er erst auf ein Zeichen hin holt.

hinter vorbeifahrenden Radfahrern, Kaninchen oder anderen Hunden herzulaufen. Dies ist so ziemlich eines der größten Ärgernisse für jeden der Beteiligten, und darum ist es zu Beginn der Standruheübungen wichtig, mit dem Hund systematisch *Sitz* und *Platz* zu trainieren.

Der Trainingsweg ist bei beiden Vokabeln der gleiche. Wir nehmen das Beispiel *Sitz*.

Jedes Zeichen (ein Wort, das den fairen Umgang mit dem Hund besser beschreibt als das Wort *Kommando*) teilt sich in zwei Phasen, so auch *Sitz*. In Phase eins nimmt unser Hund die Position ein. In Phase zwei hält er die Position. Beides sind für den Hund zunächst einmal unterschiedliche Handlungen, jedoch die gleiche Position. Sie ist für ihn am einfachsten zu erlernen, wenn wir für beide Phasen nur das Wort *Sitz* benutzen und auf ein *Bleib* verzichten. Stattdessen arbeiten wir mit einem Auflösewort, zum Beispiel *Okay*.

Nehmen Sie einige kleine Leckerchen in die linke Hand, ein einziges in die rechte. Führen Sie dieses Leckerchen über den Kopf des Hundes nach hinten, bis er sich setzt. Sagen Sie in dieser Sekunde (erst wenn er gerade sitzt!) leise und nett *Sitz*. Nehmen Sie als Sichtzeichen den Zeigefinger hoch und geben ihm das Leckerchen, möglichst alles gleichzeitig. So verknüpft der Hund: Was ich mache, heißt *Sitz*, die zugehörige Geste ist der nach oben gereckte Zeigefinger, und es lohnt sich auf jeden Fall, *Sitz* zu machen, denn es gibt ein Leckerchen. Warten Sie nun nicht zu lange, jedoch zwei bis drei Sekunden, dann geben Sie das *Okay*. Sagen Sie nicht *Okay*, direkt nachdem Sie das Leckerchen gegeben haben, sonst verknüpft Ihr Hund schnell: Leckerchen gleich *Okay*. Steht Ihr Hund sofort auf, sobald er sein Leckerchen bekommen hat, zögern Sie die Leckerchengabe beim nächsten Anlauf anfangs wenige Sekunden hinaus, geben es ihm und sagen gleichzeitig nochmals *Sitz*. Zeigen Sie ununterbrochen den gehobenen Zeigefinger. Dann warten Sie kurz, dann erst sagen Sie *Okay*.

Anfangs geben Sie Ihrem Hund jedes Mal ein Leckerchen, während er sich hinsetzt; sobald er sich nach dem ersten *Sitz* immer sofort hinsetzt, beginnen Sie ihn fürs Hinsetzen variabel zu belohnen, also nicht mehr jedes Mal, sondern unregelmäßig.

Wenn er nun sitzt, beginnen Sie sich von ihm fortzubewegen, aber immer nur so weit, wie Sie sicher sind, dass er sitzen bleibt. Steht er auf, haben Sie den Fehler gemacht, nicht er, denn dann haben Sie seinen Trainingsstand überschätzt. Sagen Sie dann bitte nicht Nein und schimpfen Sie auch nicht, sondern locken ihn kommentarlos (ohne ihn anzufassen!) zurück zum alten Platz und beginnen von vorn. Nun gehen Sie aber nicht mehr so weit und kehren zu ihm zurück, um ihm das Leckerchen zu geben. Dann sagen Sie wieder *Sitz*, zeigen das Sichtzeichen und entfernen sich wieder von ihm. Dies wiederholen Sie einige Male, jedoch nicht zu oft. Erhöhen Sie die Entfernung schrittweise. Geben Sie schließlich das Auflösezeichen *Okay*.

Auf diese Weise lernt Ihr Hund ruhig und stressfrei, dass *Sitz* so lange Sitzenbleiben heißt, bis Sie ihm sagen, dass er aufstehen darf. Wenn Sie immer ruhig und mit einem

Auflösewort trainieren, bekommen Sie einen Hund, der Ihnen vertraut und sich sicher fühlt, wenn er ein Kommando ausführt. Sie vermeiden den Gedankengang vieler Hunde: Wann darf ich endlich aufstehen? Ihrer weiß genau, dass er es darf, wenn Sie *Okay* sagen.

Genauso sollten Sie *Platz* trainieren. Locken Sie anfangs den Hund ins *Platz*, indem Sie ihn absitzen lassen, dann ein wohlriechendes Leckerchen gerade am Hund hinunter auf den Boden führen und es schließlich langsam direkt vor seiner Nase nach vorn wegziehen. Verdecken Sie es mit Ihrer flachen Hand, den Handrücken nach oben. Dies ist gleichzeitig das Sichtzeichen für *Platz*. Sobald der Hund liegt, sagen Sie *Platz*, drehen die Hand um und geben ihm das Leckerchen. Den Rest trainieren Sie wie *Sitz*. Gehen Sie auch hier in kleinen Schritten vor. Sie erleichtern sich und ihm das Leben ungemein, wenn Sie anfangs immer nur auflösen, wenn Sie neben ihm stehen, und ihn nie aus der Ferne abrufen.

Wichtig ist nun, dass Sie – wie alle Zeichen – auch *Sitz* und *Platz* immer und überall trainieren. Denken Sie daran, dass Hunde schlecht generalisieren können. Sie brauchen einige Tausend Wiederholungen, bis sie ein Zeichen immer und überall sofort ausführen. Wenn Sie also zum Beispiel nicht in der Stadt trainieren oder in Gegenwart anderer Hunde, können Sie nicht erwarten, dass Ihr Hund in diesen Situationen sitzen oder liegen bleibt.

Selbstverständlich können Sie *Sitz* und *Platz* auch ausgezeichnet mit dem Clicker trainieren. Leider sprengt es den Platz dieses Buches, auch diese Variante zu erklären. Wer generell mit dem Clicker arbeiten möchte, dem empfehle ich im Anhang dazu weiterführende Literatur.

Komm, oder ich geh: Rückruftraining

Mit dem Hund unterwegs zu sein ist am schönsten, wenn man ihn möglichst oft frei und ohne Leine laufen lassen kann. Bei

Gehorsame Hunde genießen viele Freiheiten.

manchen Hunden ist das nie ein Problem, andere dagegen verschwinden in dem Augenblick Richtung Horizont, in dem sie den Karabiner klicken hören. Für uns ist das Fortlaufen und Streunen, für unseren Hund die Suche nach interessanten Abenteuern. Darum laufen diese Hunde entweder den Rest ihres Lebens an der Leine oder machen auf eigene Faust die Welt unsicher, immer gefolgt von ihren rufenden Menschen. Beides geht eigentlich überhaupt nicht! Ist Ihr Hund noch jung, sollten Sie möglichst täglich am Rückruf trainieren; aber auch ein älterer Hund kann bei systematischem Training – immer verbunden mit spaßigen Beschäftigungseinheiten! – ein zuverlässig zurückkommender, glücklich frei laufender Hund werden.

Rufen Sie den Hund ab, …

Eine Chance auf ein erfolgreiches Rückruftraining haben Sie allerdings nur, wenn Ihr Hund gern bei Ihnen ist und Sie eine gegenseitige gute Bindung aufgebaut haben. Haben Sie auch nur den geringsten Zweifel hieran *und* Ihr Hund kommt tatsächlich schlecht, wenn Sie ihn rufen, dann sollten Sie dringend zuerst Aufmerksamkeits- und Bindungsübungen machen, ehe Sie das folgende Trainingsprogramm starten.

Wir nehmen der Einfachheit halber die Vokabel *Komm*. Sie können auch ein anderes Wort benutzen. Zunächst sollten Sie sicherstellen, dass Ihr Hund erstens gut, gern und schnell zu Ihnen schaut, wenn Sie seinen Namen nennen. Zweitens muss die Vokabel *Komm* sorgfältig konditioniert werden, damit Sie sicher sein können, dass Ihr Hund diese Vokabel auch wirklich kennt. Oft ist genau dies nämlich nicht der Fall und eine nicht unbeträchtliche Zahl ungehorsamer Hunde gehorcht nach nur diesen beiden Trainingsschritten plötzlich gut. Nicht jedoch alle. Und darum sollten Sie drittens unbedingt eine Pfeife einführen und konditionieren.

Beginnen wir am Anfang. Konditionieren Sie den Namen Ihres Hundes ganz einfach, indem Sie erst in reizarmen Situationen (im Haus, auf der Terrasse) kleine Futterstücke geben und bei jeder Gabe sanft, leise und freundlich seinen Namen nennen. Wiederholen Sie dies in kurzen Trainingseinheiten mehrfach. Sie werden sehen, dass Sie den Namen demnächst nur noch flüstern müssen und Ihr Hund schaut Sie an. Mehr muss er auf seinen Namen hin auch nicht machen. Sie benötigen ihn nur, um seine Aufmerksamkeit zu bekommen.

... belohnen Sie ihn, sobald er bei Ihnen ist, ...

... und drehen Sie sich danach unverzüglich um und gehen weiter.

Wenn Sie seinen Namen nennen, sollten Sie immer direkt im Anschluss sagen, was er denn machen soll.

Nun konditionieren Sie *Komm*. Hunde verknüpfen immer die Dinge und Handlungen, die gleichzeitig geschehen. Möchten Sie also, dass Ihr Hund lernt, was eigentlich genau *Komm* heißt, dann sollten Sie dieses Wort in der ersten Lernphase immer nur dann sagen, wenn Ihr Hund auch freudig kommt. Bitte sagen Sie jetzt an dieser Stelle nicht laut: Mein Hund weiß genau, was *Komm* heißt! Sie befinden sich damit in bester Gesellschaft einiger Tausend Hundehalter, die der gleichen Meinung sind und deren Hunde es trotzdem nicht genau wissen. Immer dann, wenn Sie nämlich *Komm* nicht konditioniert haben, immer dann, wenn Sie Ihrem Hund nach dem Rufen auch noch ein *Sitz* abverlangt und erst dann belohnt haben, und immer dann, wenn noch andere Sachen schiefgelaufen sind im Training – dann besteht eine realistische Möglichkeit, dass der Hund *Komm* nicht als die Vokabel gelernt hat, die Sie gern hätten. Also sind wir fair und stellen sicher, dass er zumindest jetzt versteht, was wir mit *Komm* meinen. Und darum sollten Sie dringend *Komm* noch einmal konditionieren.

Üben Sie mit einem hungrigen Hund und den besten Leckerchen der Welt. Lassen Sie Ihren Hund anfangs von einer Hilfsperson festhalten. Dann rennen Sie fort, in einiger Entfernung gehen Sie in die Hocke und rufen Ihren Hund. Indem Sie sich klein machen, wirken Sie auf den Hund freundlich, nicht bedrohlich und weiter entfernt. Die Hilfsperson lässt den Hund los, und während er auf Sie zukommt, rufen Sie öfter *Komm, Komm*. Sie rufen also, *während* Ihr Hund kommt. Ist er bei Ihnen, geben Sie ihm sofort ein Leckerchen, ohne noch andere Dinge von ihm zu verlangen. Bitte berühren und streicheln Sie ihn nicht. Die wenigsten Hunde mögen Berührungen in diesen Situationen. Sie fühlen sich nicht wohl, häufig sogar dominiert, wenn man sich auch noch über sie beugt und ihnen über den Kopf streichelt. Für sie sind alleine diese ständigen Berührungen ein Grund, nicht zurückzukommen. Stattdessen stehen Sie lieber unverzüglich auf und laufen fort, aber keinesfalls in die Richtung, aus der Ihr Hund gekommen ist. Läuft Ihr Hund Ihnen nun hinterher oder sogar (noch besser!) neben Ihnen, freuen Sie sich deutlich und geben ihm ein weiteres Leckerchen. Dann laufen Sie wiederum ignorant weiter. Wiederholen Sie dieses Schema einige Male von Anfang bis Ende, aber nicht zu oft. Beenden Sie die erste Trainingseinheit erst dann, wenn Ihr Hund Ihnen mindestens ein Mal gefolgt ist, nachdem Sie fortgegangen sind.

Dieses Übungsschema sollten Sie ab sofort auf jedem Spaziergang wiederholen. Achten Sie darauf, dass der Aktionsradius Ihres Hundes nicht zu groß ist. Benutzen Sie eine Schleppleine. Rufen Sie ihn rechtzeitig zurück, ehe er das Ende der Leine erreicht hat. Sobald Ihr Hund nach der Ankunft auch bei Ihnen bleibt, obwohl (oder besser: gerade weil) Sie sich umdrehen und ignorant wegsehen, dann schicken Sie ihn doch mal mit Ihrem allgemeinen Auflösewort fort. Bleibt er dann fragend und zweifelnd trotzdem bei Ihnen – so nach dem Motto: „Wie? Ich soll jetzt laufen? Ich werde weggeschickt? Hä?" –, dann geben Sie ihm genau für dieses Bleiben und den fragenden Blick doch mal einen Jackpot. Auch so kann man Hunde überraschen – und überreden, das Gegenteil von dem zu tun, was sie eigentlich vorher noch wollten.

Ansonsten gibt es noch zwei generelle Regeln für das Abrufen auf Spaziergängen, die nichts mit der gerade beschriebenen Übung zu tun haben.

Regel Nummer eins: Wenn Sie Ihren Hund rufen, dann sollte es auch einen (für ihn) nachvollziehbaren Grund geben. Leinen Sie ihn nicht zu oft an. Spielen Sie manchmal mit ihm; gehen Sie nach Ihrem Rückruf sofort in die entgegengesetzte Richtung; machen Sie häufiger auch mal ein kleines Training. Irgendetwas sollte geschehen, wenn Ihr Hund bei Ihnen ist. Und dies sollte auf keinen Fall immer die obligatorische Belohnung mit dem Leckerchen sein.

Regel Nummer zwei: Anfangs sollte Ihr Hund erst dann wieder frei laufen dürfen, nachdem Sie das Auflösewort gesagt haben. Bis zu diesem Zeitpunkt halten Sie ihn einige Sekunden mit *Fuß* neben sich. Bei einem gut gehorchenden Hund kann man dies später vernachlässigen.

Neben dem Heranrufen mit der Stimme macht es Sinn, eine Pfeife zu konditionieren. Wir setzen auf englische Jagdpfeifen aus Kunststoff. Deren Tonlage ist standardisiert, sodass man gleich mehrere Pfeifen gleichzeitig einsetzen kann. Konditionieren Sie auch hier in zwei Phasen.

Phase eins: Pfeifen Sie zweimal kurz hintereinander und geben Sie gleichzeitig ein Leckerchen. Das wiederholen Sie häufig über einen oder zwei Tage.

Phase zwei: Rufen Sie Ihren Hund erst im Haus, dann im Garten, zum Schluss unterwegs erst mit der Stimme. Wenn er freudig auf Sie zustürmt, pfeifen Sie *gleichzeitig* wiederum den Doppelpfiff, bis er bei Ihnen ist. Hier bekommt er zeitgleich mit dem letzten Doppelpfiff wiederum ein Leckerchen. So verknüpft der Hund: Doppelpfiff lohnt sich *und* Doppelpfiff heißt *Komm*.

Wichtig zu wissen:

- Konditionieren Sie den Namen.
- Konditionieren Sie die Pfeife.
- Konditionieren Sie die Vokabel *Komm*.
- Gehen Sie anfangs immer in die Hocke, wenn Sie Ihren Hund rufen.
- Wenn der Hund bei Ihnen angekommen ist, muss irgendetwas geschehen.
- Sobald der Hund bei Ihnen ist, drehen Sie sich häufig in die entgegengesetzte Richtung und laufen ignorant weiter.
- Der Hund darf erst wieder nach Auflösewort seine eigenen Wege gehen.
- Berühren Sie den Hund nicht, wenn er kommt, streichen Sie ihm erst recht nicht über den Kopf.

Ronja sagt: „Igitt!“, und legt dabei die Ohren zurück. Auch sie findet es nicht angenehm, wenn man ihr über den Kopf streicht.

Leinenführigkeit und *Fuß*

Sobald man mit seinem Hund das Haus verlässt, ist eines der häufigsten Ärgernisse die Leinenführigkeit. Jammern nützt in diesem Fall gar nichts, also sollten wir trainieren.

Zunächst einmal stellen Sie zwei für sich und den Hund nachvollziehbare Regeln auf, an die Sie beide sich halten sollten.

Regel eins: Auf Spaziergängen läuft der Hund entweder frei oder an einer längeren Schleppleine und genießt dann Freizeit. Er darf buddeln, markieren, spielen, egal, alles, was er oder Sie möchten. An der kurzen Leine soll der Hund sich benehmen, kann sein Geschäft machen oder die Blase entleeren, sollte aber nicht buddeln, markieren, spielen. An der kurzen Leine darf er daher natürlich auch nicht ziehen. Von Anfang an soll-

Vor allem, wenn man mit mehreren Hunden unterwegs ist, sollte sich jeder an der Leine benehmen, sonst gibt es Stress.

te sie das Zeichen sein für gutes Benehmen.

Dies heißt gleichzeitig, dass Ihr Hund selbstverständlich keinen längeren Spaziergang an der kurzen Leine macht. Stattdessen sollte er so lange an der kurzen Leine gehen, wie Sie es schaffen, dafür zu sorgen, dass er nicht zieht. Bis er leinenführig ist, sollte jeder Gang an der kurzen Leine gleichzeitig auch ein Trainingsgang sein.

Regel zwei: Machen Sie einen auch für den Hund deutlichen Unterschied zwischen ganz korrektem *Fuß* und der freieren Leinenführigkeit. Leinenführigkeit heißt, dass der Hund an einer ein bis zwei Meter langen Leine geht und selbst darauf achtet, dass sich die Leine nicht strafft. Er sollte nicht nach vorn, zur Seite oder nach hinten drängen und Sie dabei mit sich reißen. Trotzdem darf er hier und dort kurz schnüffeln, im Vorbeigehen einen Hund begrüßen oder andere schöne Dinge machen, solange er sich benimmt.

Das Kommando *Fuß* dagegen sollte wie eine unsichtbare Leine sein und die richtige Leine nahezu überflüssig machen. Immer wenn es eng wird, Ihnen ein Kind mit einem Eis in der Hand begegnet oder Sie den Hund aus irgendeinem anderen Grund sicherheitshalber ganz in Ihrer Nähe und auf sich konzentrieren möchten, dann sollte er auf ein Zeichen hin *Fuß* laufen. Das heißt, dass er auf Ihrer Kniehöhe eng und konzentriert neben Ihnen läuft und Sie dabei zwischendurch immer wieder ansieht. Wenn er dies sowohl mit als auch ohne Leine kann – umso besser, denn dann müssen Sie ihn nicht ständig anleinen, um ihn in Ihrer Nähe zu halten.

Wenn Sie nicht mit dem Clicker arbeiten, trainieren Sie die Vokabel *Fuß* am besten folgendermaßen: Läuft Ihr Hund zum Beispiel links, nehmen Sie ein Leckerchen in die linke Hand, die Leine rechts. Locken Sie den Hund mit einem Leckerchen an Ihre Seite, führen Sie das Leckerchen direkt vor seiner Nase ein wenig über seinen Kopf nach hinten, damit er sich setzt. Nach einigen Wiederholungen kennt Ihr Hund die Übung, nun erst führen Sie das Wortzeichen *Fuß* ein. Sagen Sie immer *Fuß*, während Sie den Hund in diese Position locken.

Dann laufen Sie los, wiederum mit einem Leckerchen vor der Hundenase und dem Wortzeichen *Fuß*, während Sie den ersten Schritt machen. Wenn der Hund nun perfekt an Ihrer Seite läuft, immer gelockt durch das Leckerchen, nennen Sie mehrfach das Wort *Fuß*. Sagen Sie dieses Wort am Anfang nie, wenn Ihr Hund nicht perfekt *Fuß* läuft. Denken Sie daran, dass ein Hund immer das miteinander verknüpft, was gleichzeitig geschieht. Erst später, wenn Sie sicher sind, dass er verstanden hat, was *Fuß* bedeutet, können Sie die Reihenfolge umkehren und *Fuß* sagen, damit er die Position einnimmt.

Achten Sie in diesem Ausbildungsstadium darauf, dass Ihr Hund sich jedes Mal hinsetzt, sobald Sie stehen bleiben, und dass er mit Ihnen anläuft, sobald Sie weiterlaufen. Wenn Sie immer mit dem linken Fuß losgehen, verkürzen Sie die Trainingszeit, weil Sie ihm hiermit körpersprachlich helfen.

Erhöhen Sie die Ablenkungsreize langsam, aber stetig. Trainieren Sie immer nur ganz wenige Minuten. Sie werden nach einigen Tagen bemerken, dass Ihr Hund Ihnen sehr aufmerksam folgt. Dies ist der Zeitpunkt, den Hund nicht mehr zu locken, sondern die Leckerchen nur noch als Belohnung einzusetzen. Hierzu nehmen Sie anfangs die Hand mit dem Leckerchen kurz hoch, halten sie mit angewinkeltem Arm vor Ihren Bauch, lassen den Hund nur einige wenige Schritte mitlaufen und geben ihm dann zügig das Leckerchen, um sofort ein neues aus der Tasche zu ziehen. Dies ist der erste Schritt, die Leckerchen auszuschleichen.

Sobald der Hund unaufmerksam ist, halten Sie das Leckerchen kurz vor seine Nase, ohne es ihm zu geben, laufen einige Schritte, ziehen es wieder hoch, laufen wiederum einige Schritte und geben es ihm schließlich für ein gutes Folgen mit Hochsehen, während Sie gleichmäßig weiterlaufen. Dann ziehen Sie schnell das nächste Leckerchen heraus und wiederholen die Übung, laufen aber einige Schritte mehr.

Sie werden bemerken, dass Sie zügig dazu übergehen können, nur die Hand vor Ihren Bauch zu halten, ohne ein Leckerchen darin zu haben. Stattdessen ziehen Sie in Phase drei ab und zu ein Leckerchen aus Ihrer Jackentasche, wenn Ihr Hund dem Ausbildungsstand entsprechend lange genug neben Ihnen gelaufen ist *und* Sie ansieht. Auch hier sollten Sie die Ablenkungen langsam, aber stetig steigern.

Die Leinenführigkeit ist ein nachlässigeres Fußgehen. Wenn Sie *Fuß* systematisch und regelmäßig trainieren, geben Sie Ihrem Hund nicht nur sehr viel Sicherheit in schwierigen Situationen, sondern auch eine perfekte Handlungsalternative zum Ziehen an der Leine.

Auf keinen Fall sollten Sie auch nur einen Schritt hinter einem ziehenden Hund herlaufen. Bleiben Sie erst einmal *sofort* stehen. Ein Hund, der zieht, sollte keinen Zentimeter damit vorankommen. Denn dann bringt ihm Ziehen Erfolg, und was Erfolg bringt, wird wiederholt. Arbeiten Sie aber auch hier niemals mit einem Leinenruck. Je mehr Sie an der Leine rucken, ziehen und zerren, desto nervöser wird Ihr Hund. Bitte glauben Sie mir, er lernt nichts daraus.

Leider nützt es in den seltensten Fällen, immer nur stehen zu bleiben und darauf zu warten, dass Ihr Hund zu Ihnen zurückkommt, damit Sie weitergehen können. Und es nützt auch nichts, ihn immer wieder zurückzulocken, ihm ein Leckerchen zu geben und dann weiterzugehen. In beiden Fällen erzieht man sich Hunde, die gewohnheitsmäßig die Leine lockern, um sich nach nur einem oder wenigen Schritten wieder nach vorn zu werfen.

Stattdessen drehen Sie sich lieber zwischendurch um und gehen in die entgegengesetzte Richtung, noch ehe Ihr Hund in der Leine hängt, am besten ganz kurz, bevor er am Ende ankommt. Halten Sie hierzu Ihren Arm wiederum eng angewinkelt an Ihrem Körper, damit Sie nicht versehentlich mit der Leine nachrucken. Ihr Hund bemerkt den Unterschied und lernt nur, wenn Sie nicht rucken.

Ein anderer gut funktionierender Trainingsansatz ist das Ignoranz- beziehungsweise Orientierungstraining. Legen Sie dem Hund ein Geschirr an und eine Leine, die anfangs drei bis vier Meter lang sein soll-

Wenn der Hund unaufmerksam ist und seinen eigenen Weg verfolgt, dreht sich der Mensch um und läuft in die entgegengesetzte Richtung weiter.

te. Machen Sie Ihren Hund kurz auf sich aufmerksam, geben Sie aber kein Kommando. Ich sage gern: „Kommst du mit?“ Dann gehe ich los, und zwar ignorant, ohne auf den Hund zu achten. Natürlich halte ich ihn ein wenig im Auge, möchte ich doch wissen, was er macht, wie er reagiert, aber ich mache das so unauffällig wie möglich.

Gehen Sie nun einfach los. Ziemlich sicher wird Ihr Hund Sie überholen. In dieser Sekunde drehen Sie sich sofort und wortlos um und gehen in die andere Richtung. Genauso ziemlich sicher wird Ihr Hund anfangs in die Leine rennen. Gehen Sie langsam weiter und rucken Sie nicht zusätzlich. Halten Sie die Hand mit der Leine eng am Körper angewinkelt, um den Ruck abzufangen. Ihr Hund kommt nun

Hier hat Monty aufgeschlossen und möchte gerade überholen, …

… ist jedoch diesmal aufmerksam und bemerkt, dass es in entgegengesetzter Richtung weitergeht. Seinen fragenden Blick ignoriert Frauchen nur ganz kurz, ehe sie ihn sofort lobt.

zurück. Rennt er wieder an Ihnen vorbei, kehren Sie augenblicklich auch wieder um.

Nach nur wenigen Wiederholungen wird Ihr Hund auf dem Überholweg bei Ihnen Halt machen und – wenn auch kurz – neben Ihnen gehen und hochschauen. Dies ist der Moment, auf den Sie dringend gewartet haben. Loben Sie ihn überschwänglich und geben Sie ihm ein Leckerchen, gerne ein sehr, sehr gutes. In dieser Sekunde ignorieren Sie ihn nicht mehr. Stattdessen drehen Sie sich nach einigen Schritten wieder um. Beobachten Sie Ihren Hund aus dem Augenwinkel heraus. Wendet er sich mit Ihnen und kommt hinterher, müssen Sie ihn verbal mit Ihrem persönlichen Bestärkerwort loben oder mit dem Clicker klicken, sobald er sich nur zu Ihnen umdreht. Sie sollten unbedingt die erste Sequenz seines neu gezeigten, freiwilligen Verhaltens belohnen. Bei Ihnen angekommen, bekommt er natürlich sofort wieder ein Leckerchen. Wichtig: Gehen Sie gleichmäßig weiter, während Sie ihm das Leckerchen geben. Bleiben Sie nicht stehen! Laufen Sie anfangs nur hin und her, damit Ihr Hund leichter versteht, worum es Ihnen überhaupt geht. Klappt das gut, beginnen Sie ein Chaoslaufen: hin und her, kreuz und quer. Gehen Sie zügig, jedoch nicht zu schnell, sonst gerät Ihr Hund in Stress. Und genau den wollen wir ja vermeiden, vor allem, wenn es um Leinenführigkeit geht.

Trainieren Sie nach wenigen Tagen an Ihrer normalen kurzen Leine und steigern Sie zunehmend die Ablenkung. Scheuen Sie sich nicht, auch vor einem Supermarkt, in der Stadt oder in einem Park zu trainieren, wenn viele Menschen mit ihren Hunden unterwegs sind. Wenn es in diesen Situationen klappt, dann klappt es beinahe überall.

Noch ein paar Sätze zu einigen Wundermitteln, die den Hund leinenführig machen sollen. Ein Kopfhalfter ist für einige (wenige) Mensch-Hund-Teams nicht die schlechteste Lösung. Immer dann, wenn der Hund bedeutend größer und schwerer ist als der Mensch, ist es eine gute Hilfe, sich ohne einen ziehenden Hund gefahrlos von A nach B zu bewegen, manchmal sogar dauerhaft. In allen anderen Fällen sollte selbst bei extremen Leinenführigkeitsproblemen so trainiert werden, dass der Kopfhalfter nach wenigen Wochen überflüssig ist und ausgeschlichen werden kann.

Bitte vergessen Sie alle Hilfsmittel, die dem Hund Schmerzen zufügen. Dazu gehören Stachelhalsbänder, Endloswürger und Geschirre, deren zusätzliche Bänder sich unter den Achseln zuziehen, wenn der Hund zieht. Denken Sie daran, dass Ihr Hund mit Ihnen gehen soll, weil es ihm Spaß macht, weil er gern bei Ihnen ist und weil Sie einfach zusammengehören.

Im Gegensatz zu all den Wundermitteln gibt es einen Geheimtipp, der häufig den Hunden hilft, die unter einer *Krankheit* leiden, die für das Leinenziehen verantwortlich ist: die Leinenaversion. Diese Hunde haben – aus welchen Gründen auch immer – eine allgemeine Abneigung gegen die Leine. Stattdessen sollten sie lernen, dass gerade die Leine das tollste Ding der Welt ist. Wie das geht? Kaufen Sie Ihrem Hund eine neue Leine, eine, die so richtig toll aussieht,

finden. Und dann bringen Sie Ihrem Hund bei, diese neue tolle Leine zu suchen, zu apportieren und sogar zu tragen, während er angeleint ist. Zeigen Sie ihm, dass das Spaß macht!

Wichtig zu wissen:

- Rucken, ziehen und zerren Sie nie an der Leine.
- Berühren und streicheln Sie Ihren Hund nicht, wenn er angeleint ist, vor allem nicht am Kopf oder auf dem Rücken. Das könnte seinen Stress verstärken.
- Machen Sie keine langen Spaziergänge an der kurzen Leine.
- Machen Sie einen deutlichen Unterschied zwischen korrektem *Fuß* und Leinenführigkeit.
- Jeder Gang an der kurzen Leine sollte gleichzeitig ein Trainingsgang sein.
- Nur an der langen Leine oder ohne Leine darf der Hund spielen, buddeln, markieren.
- Leinen Sie den Hund nicht jedes Mal zum Spielen ab, wenn Sie einen Hund treffen.
- Benutzen Sie keine Ausziehleinen. Durch sie lernt der Hund das Ziehen.

Henry geht auch unter starker Ablenkung perfekt an der Leine.

Spaß und Spiel auf allen Wegen

Wünschen Sie sich auch manchmal, Sie wären ein gut riechender Grashalm oder ein anderer Hund? Für diese interessiert sich Ihr Hund immer, nicht wahr? Das muss aber nicht so bleiben. Mit ein wenig Fantasie und den Späßchen, die Ihr Hund mag, können Sie dies häufig schnell erreichen. Vor allem unterwegs auf Spaziergängen können Sie Ihre Bindung zueinander enorm mit der richtigen Beschäftigung verbessern. Also: Wählen Sie am besten strapazierfähige Kleidung und bequeme Schuhe für jedes Gelände – und auf geht's zu einem gemeinsamen Abenteuerspaziergang.

Wenn Sie Hunde beobachten, werden Sie feststellen, dass sie häufig parallel zueinander rennen und gemeinsam um die Wette ein

Teilen verbindet, trotzdem ist ein Eis nur für's Foto erlaubt und grundsätzlich keine geeignete Tiernahrung.

Loch buddeln. Das können wir doch auch, oder? Tun Sie mal so, als hätten Sie am Wegesrand etwas besonders Spannendes gefunden. Fangen Sie an zu buddeln. Schnell wird Ihr Hund dazustoßen. Buddeln Sie nun gemeinsam, anschließend springen Sie auf, rufen Ihren Hund und rennen einfach fort. Genauso unvermittelt und fröhlich, wie der beste Spielkamerad Ihres Hundes es gemacht hätte. Sie werden sehen, wie freudig Ihr Hund plötzlich mit Ihnen umgeht.

Danach könnten Sie sich gemeinsam ausruhen und sich auf eine Bank setzen. Unsere Hunde sitzen sehr gern neben uns auf der Bank – dann platzen sie geradezu vor Stolz. Dort kann man einige Tricks einstudieren oder Sie könnten ein mitgebrachtes Brötchen mit Ihrem besten Freund teilen. Denn Teilen verbindet.

Schleichen Sie doch mal mit Ihrem Hund langsam durch eine Baumgruppe oder spielen Sie gemeinsam mit ihm im gefallenen Laub. Sie können Futtersuchspiele im Gras machen, ihn Leckerchen aus der Luft schnappen lassen, ihn absetzen und anschließend die Leckerchen suchen lassen, die Sie versteckt haben. Sie könnten mit ihm langsam und leise durch den Wald schleichen oder eine Blickkontaktübung machen oder ihn Ihren Handschuh tragen lassen. Wenn Sie sein Lieblingsspielzeug mitnehmen, können Sie auch dieses unter Blättern verstecken.

Spielen Sie Suchspiele in der dritten Dimension: Verstecken Sie Dinge auf Baumstämmen, in Bäumen, auf Mauern oder Bänken. Das ist schwieriger und lastet vor allem gut trainierte Suchenmeister besser aus.

Nutzen Sie Futterdummys oder Sniffers (Röhrchen zum Apportieren und für die Nasenarbeit). Sie können Ihren Hund darauf voranschicken oder sie suchen lassen. Auf jeden Fall muss er sie bringen, damit Sie ihm eine Belohnung daraus geben können. Allein kommt er an die Leckerchen nicht heran. Spannend wird es, wenn Sie mehrere Suchobjekte gleichzeitig einsetzen.

Teamarbeit: Frauchen legt ein Sniffers aus, während Herrchen mit Mona in einiger Entfernung wartet.

Mona sucht begeistert und findet das Sniffers.

Sofort bringt sie es Herrchen, denn der hatte sie in die Suche geschickt.

Aus dem Sniffers bekommt Mona nun ein Leckerchen.

Sie sehen, wir könnten unendlich fortfahren. Es gibt so viele Möglichkeiten, einen Hund unterwegs zu beschäftigen, dass man stundenlang mit ihm laufen könnte, ohne sich oder ihn zu langweilen. Wenn Sie diese oder andere Lieblingsspiele Ihres Hundes mit genügend Freizeit und ein wenig Training kombinieren, werden Sie sicherlich bald mit dem gut riechenden Grashalm und sogar mit anderen Hunden konkurrieren können.

Treffen sich zwei Hunde: Entspannte Hundebegegnungen

Oh, wie schön wäre es doch, wenn alle Hundebegegnungen entspannt und positiv verlaufen könnten! Wenn Hundehalter sich etwas wünschen, dann dieses. Die meisten Hunde würden es sich auch wünschen, wenn sie könnten. Leider aber nicht alle. Manche legen es geradezu darauf an, hier ein wenig zu mobben, dort ein wenig zu pöbeln und sich damit den Alltag zu verschönern. Sie sind zwar nicht die Regel, doch man trifft immer wieder auf sie. Meistens sind es Hunde, die auf ihrem Auslauf-Spaziergang unter chronischer Langeweile leiden und sich kurzerhand neue Hobbys gesucht haben. Dass der eigene Hund nicht zu dieser Clique gehört, dafür kann man sorgen.

Manche Hunde können sich jedoch nicht besser benehmen, weil sie Angst haben, nicht ausreichend sozialisiert sind oder weil sie ganz einfach kein gutes Benehmen gelernt haben. Wir können jedoch Vorkehrungen treffen, dass die allermeisten Hundebegegnungen so harmonisch wie möglich verlaufen.

Dazu zählt zum Beispiel, dass wir unserem Hund helfen, körpersprachlich nicht stumm zu sein. Schneiden Sie einem langhaarigen Hund die Haare aus dem Gesicht, damit er besser sehen und gesehen werden kann. Hunde ohne oder mit sehr kurzen Ruten haben ein Handicap und werden häufig missverstanden. Wenn Ihr eigener Hund davon betroffen ist, sollten Sie ihm zum Lernen verstärkt Hundekontakte bieten, aber auch moderieren; falls es nötig ist: Greifen Sie ein; falls es möglich ist: Lassen Sie das Spiel oder die Auseinandersetzung weiterlaufen. Die richtige Entscheidung zu treffen ist hier nicht immer leicht.

Einige allgemeine Regeln für Hundebegegnungen haben wir schon genannt. Entweder sollten immer alle Hunde angeleint sein oder keiner. Notfalls verständigen Sie sich durch Rufe mit dem anderen Hundeführer, ob an- oder abgeleint wird. Angeleinte Hunde sollten nie miteinander spielen. Und schließlich: Lassen Sie sich nie von Ihrem Hund zu einem anderen Hund zerren.

Hunde verstehen viele Dinge anders als wir. Auch wenn sie uns nichts bedeuten, so sind sie doch für einen Hund die Welt. Hierzu gehört, dass Sie nicht jeden Tag – womöglich auch noch mehrmals – den gleichen Weg gehen sollten. Sehr schnell erheben Hunde einen territorialen Anspruch auf dieses Gebiet. Das heißt, sie sind der Meinung, es gehöre ihnen. Leider gibt es noch andere, die meinen, sie wären Großgrundbesitzer,

Je entspannter die Menschen sind, desto entspannter verlaufen auch Hundebegegnungen.

und im Falle eines Zusammentreffens gibt es dann nicht selten richtig Ärger.

Lassen Sie Ihren Hund keine Stöcke tragen. Dies ist nicht nur gefährlich, weil sich ein Stock beim Spielen oder Stolpern leicht in den Rachen bohrt, es ist auch eine Unsitte, die schon oft zu handfesten Prügeleien unter Hunden geführt hat. Häufig tragen Hunde diese Stöcke oder gar ganze Äste mit einer Imponiergeste und manchmal sogar mit Geknurre an entgegenkommenden Hunden vorbei. Manch einer lässt sich davon nur zu gern provozieren. Eine Keilerei ist vorprogrammiert. Aus diesem Grund sollten Sie auch Spielzeuge bei Hundebegegnungen lieber vorbeugend einstecken.

Eine weitere Unart mancher Hunde ist es, ihre Menschen gegen andere Menschen oder Hunde abzugrenzen. Diese Hunde stellen sich vor ihren Menschen und fixieren ihr Gegenüber. Damit sagen sie eindeutig: Mein Mensch gehört mir, einschließlich allem, was an ihm dranhängt. Häufig ist das ein Leckerchenbeutel. Auch dies kann für andere Hunde durchaus provozierend sein; wichtiger ist jedoch, dass sich ein Hund, der abgrenzt, in dieses Verhalten hineinsteigert. Es verschlimmert sich häufig und man weiß gar nicht, wie einem geschieht, wenn der eigene Hund plötzlich wie aus heiterem Himmel knurrt oder sich in wilder Keilerei mit einem anderen Hund befindet, obwohl sich die beiden doch nur angeguckt haben. Aus dieser Unart wird immer dann eine gefährliche Situation, wenn der Hund einen erhöhten Schutztrieb hat. Lassen Sie nicht zu, dass Ihr Hund Sie als seine Ressource verteidigt. Seien Sie wachsam und lesen Sie gerade bei Hundebegegnungen das „Kleingedruckte" in der Körpersprache.

Vor allem junge Hunde machen viele Fehler, wenn sie anderen, fremden Hunden begegnen. Helfen Sie Ihrem Hund zu lernen, wie man sich richtig verhält, ansonsten sind Probleme vorprogrammiert. Lassen Sie Ihren Hund nicht andere Hunde im Vorbeigehen anpöbeln oder unkontrolliert anspringen. In diesem Fall werden häufig Aggressionen bei beiden Hunden aufgebaut. Auch unter Hunden gibt es eine gewisse Etikette. Eine Grundregel heißt, dass man sich nicht einfach so aufeinanderstürzt, sondern langsam aufeinander zugeht, sich umkreist, beschnüffelt und dann mal schaut, ob man was miteinander anfangen kann. Eine bekannte Situation ist die Wegelagererposition. Ein Hund legt sich flach mitten auf den Weg und beobachtet, wie ein anderer Hund ihm entgegenkommt. Manche Hunde zeigen diese Reaktion, weil sie unsicher sind und erst einmal den anderen in Ruhe begutachten möchten. Doch auch viele Hunde, die sicher im Umgang mit anderen Hunden sind, nehmen oft diese Position ein. Der auf dem Weg liegende Hund will nicht zu früh erkannt und eingeschätzt werden, dagegen kann er den entgegenkommenden aber ausgiebig beobachten. Dieser wird zunehmend unsicherer, und genau darin scheint häufig die Absicht zu liegen, wenn ein Hund diese Wegelagerei regelmäßig betreibt. Denn wenn der herankommende Hund nur noch wenige Meter entfernt ist, dann stürzt sich der Wegelagerer meistens auf ihn. Für uns sieht es aus wie ein Spiel, jedoch ist es für die entgegenkommenden Hunde eher unangenehm.

Wegelagerei sollte man nicht zulassen. Gehen Sie mit Ihrem Hund entweder weiter oder – im Fall eines Wegelagerers, der das Weitergehen vehement verweigert – treten Sie an den Wegrand, zitieren Sie Ihren Hund ins *Fuß* und lassen den anderen Hund herankommen. Hundebegegnungen gestalten sich dann wesentlich entspannter und Ihr Hund lernt, freundlicher mit anderen Hunden umzugehen.

Eine gute Idee ist es auf jeden Fall, sich mit Hundesprache zu beschäftigen. Nebenbei macht es Spaß, das am eigenen Hund zu entdecken, was man in Büchern nur lesen kann. Wenn Sie *Hündisch* lernen, werden Sie entdecken, dass die allermeisten Hundebegegnungen nett und normal verlaufen. Falls dies nicht so ist, können Sie es mit Ihrem Wissen früh erkennen und angemessen reagieren.

Wie aber reagieren Sie angemessen, wenn sich bereits eine Prügelei unter Hunden entwickelt hat? Die Beteiligten stürzen sich mit lautem Knurren und Gekeife aufeinander, beißen sich womöglich noch ins Fell und blecken die Zähne. Versuchen Sie auf keinen Fall, die Hunde mit Händen oder mit Ihrem Körper zu trennen. Die Gefahr ist zu groß,

Wenn sich alle Menschen zügig von dieser Gruppe entfernen, gehen die Streithähne schnell auseinander.

dass Sie selbst verletzt werden. Schreien Sie auch nicht herum, denn damit heizen Sie die Gemüter zusätzlich auf. Die einzige Möglichkeit, die Streithähne gefahrlos auseinanderzubekommen, besteht darin, sich zügig von ihnen zu entfernen. Jeder der Hundebesitzer sollte in eine andere Richtung laufen und seinen Hund rufen. Sie werden sehen, wie schnell sich der Knoten auflöst und jeder wieder seiner eigenen Wege geht.

Übrigens noch ein persönlicher Gedanke, der mir oft in den Sinn kommt: Warum eigentlich *müssen* einige Hunde immer und überall mit jedem entgegenkommenden Hund spielen? Warum lassen ihre Menschen das zu? Hundekontakte sind viel entspannter und angenehmer, wenn sie unter befreundeten Hunden stattfinden. Zumindest unsere Hunde möchten gar nicht mit jedem fremden Hund spielen. Und manchmal sagen sie dies dem Fremden, der ihnen ein Spiel aufzwingen möchte, auch deutlich. Das lasse ich zu, gehe jedoch mit einem freundlichen Gruß an die Besitzer weiter. Ich hoffe dann immer, dass dieser Hund etwas aus der Hundebegegnung gelernt hat: Nicht alle wollen *nur* spielen.

Leinenaggression

Die Ursachen für Leinenaggression sind vielfältig, und genau dies ist der Grund dafür, dass es nicht immer leicht ist, sie abzubauen. Häufig zeigt sich ein Hund gleich aus mehreren Gründen an der Leine aggressiv. Es liegt an uns, diese erst einmal herauszufinden – so weit dies möglich ist. Leider kommt man häufig um einen – bitte sorgfältig ausgesuchten – Trainer nicht herum. Der Grund ist einfach: weil nicht der Hund, sondern *wir* beziehungsweise unser Verhalten meistens die eigentliche und einzige Ursache für die Leinenrüpelei unseres vierbeinigen

Unverträglichkeit an der Leine beginnt mit Fixieren und sollte beim ersten Auftreten ernst genommen werden.

Begleiters sind. Den Hund könnten wir ja noch trainieren, wenn wir es besser wüssten, aber wer kann sich schon selbst trainieren?

Beginnen wir mit der Analyse des Problems. Die häufigsten Ursachen für Leinenaggression sind Angst, Unerzogenheit, pubertäre Machoallüren, sozial motivierte Aggression (Verteidigung des Menschen), Hormone, mangelhaftes Sozialverhalten und – eine der häufigsten Ursachen – simple Missverständnisse.

Haben Sie den Eindruck, dass medizinische Gründe eine Rolle spielen könnten, sollten Sie dringend Ihren Hund tierärztlich auf Schmerzen, Hirnkrankheiten, Schilddrüsenprobleme oder andere eventuell möglichen Gesundheitseinschränkungen untersuchen lassen. Ängste vor anderen Hunden sind manchmal die Ursache für Leinenaggression, aber auch generelle Ängste vor verschiedenen Umweltreizen, die sich zu einem riesigen Stressberg bei ängstlichen Hunden auftürmen und sich über eine Leinenaggression ein Ventil suchen. Diese Gründe sollten eindeutig identifiziert und entsprechend dem betroffenen Hundetyp trainiert werden.

Bei mangelhaftem Sozialverhalten gibt es nur eine Lösung: Der Hund sollte in vernünftigem Rahmen einzelne Hunde oder kleine Gruppen treffen, die sozial verträglich und nett sind. Verlassen Sie sich hierbei besser nicht auf Ihr Glück, sondern bringen Sie ihn in kontrollierten Situationen mit ausgewählten Hunden zusammen. Gute Freunde oder eine Hundeschule können helfen. Zufallsbekanntschaften auf Spaziergängen verschlimmern dieses Problem eher, weil sowohl beim Hundebesitzer als auch beim Hund der Stresspegel vor jeder Begegnung mit einem fremden Hund erneut ausschlägt.

Die sozial motivierte Aggression ist trainierbar, jedoch für den betroffenen Hundehalter selbst schlecht zu erkennen. Neigt der Hund auch noch dazu, andere Menschen und Hunde ernsthaft zu attackieren, um seinen Besitzer zu schützen oder von der Außenwelt abzugrenzen, sollte man so schnell wie möglich einen Fachmann hinzuziehen. Hiervon gibt es nicht allzu viele. Erkundigen Sie sich sorgfältig, ob Sie dem ausgewählten Trainer vertrauen können.

Hält sich die Leinenaggression in einem vertretbaren Rahmen, gibt es für die letzten drei Ursachen einige gute Tipps und Trainingsanregungen, die fast immer zum Erfolg führen. Vor allem ein junger Hund lernt schnell, dass andere Hunde irgendwie *komisch* sind. Dabei benimmt *er* sich aus seiner Sicht heraus normal, wie junge Hunde sich eben benehmen. Sobald der junge Hund einen Hund sieht, wirft er sich erfreut schreiend in die Leine; sein Mensch folgt seinem Streben und geht auf den entgegenkommenden Hund weiter zu, lässt die beiden Hunde zueinander; der tobende Jüngling wirft sich auf sein Gegenüber und bekommt eine rüde Abfuhr einschließlich Geknurre und Zähnefletschen. Nun sind alle verärgert: der erste Hundebesitzer, der erste Hund, der zweite Hundebesitzer und der zweite Hund.

Ein vernünftiges Training behebt das Problem.

Und was hat der junge Hund gelernt? Andere Hunde sind doof, denn die wollen nicht mit mir spielen. Frauchen findet sie fast gefährlich, denn sie schwitzt Adrenalin aus. Also sind Hundebegegnungen nicht ganz ungefährlich. Am besten, ich zeige generell den anderen Vierbeinern erst mal, wie toll und stark ich bin. Oder kurz ausgedrückt: Der eine Hund möchte spielen, der andere nicht, der andere wehrt den einen ab, der eine fühlt sich bedroht – und wird von Hundebegegnung zu Hundebegegnung immer vorsichtiger, bis er zu einem jungen knorrigen Eigenbrötler wird, der lieber gar keine Hundekontakte mehr hat. Oder er entwickelt sich zu einem Raufbold, frei nach dem Motto: Wenn hier jemand schlägt, dann bin ich der Erste.

Was also können wir als wissende Erzieher machen? Zunächst einmal: Haben Sie Mitleid mit dem pöbelnden Schnösel, der sich nicht benehmen kann – und halten Sie ihn von anderen Hunden fern, solange er dieses Theater macht. Schützen Sie ihn vor der Erfahrung, vom anderen Hund eins auf die Mütze zu bekommen, und schützen Sie den fremden Hund vor Ihrem unzivilisierten Möchtegern-Macho.

Wenn Ärger droht, gehen Sie zügig aneinander vorbei. Distanzieren Sie sich vom Verhalten Ihres Hundes und sagen Sie freundlich *Hallo*. Damit erscheinen Sie Ihrem Hund zumindest erst einmal souverän. Und das ist eine ganze Menge.

Dulden Sie auch an der Leine keine Wegelagerei. Hindern Sie Ihren Hund daran, wie weiter oben beschrieben. Dulden Sie auch keine anderen Rüpeleien gegenüber Hunden und Menschen. Bestehen Sie darauf, dass sich Ihr Hund zumindest erst einmal an der Leine gut benimmt. Darauf können Sie Einfluss nehmen. Ohne Leine ist das später schwieriger, dann sollte Ihr Hund das Wichtigste gelernt haben.

Wichtig zu wissen:

Leinen Sie Ihren Hund nicht jedes Mal zum Spielen ab, sobald Sie einen anderen Hund sehen

Es ist klar, dass Ihr Hund dann sehr schnell die Erwartungshaltung entwickelt, dass jeder andere Hund sein persönlicher Spielpartner ist. In diese Erwartungshaltung steigern sich viele Hunde extrem hinein, manche sind kaum noch ansprechbar. Ist es so weit bei Ihrem Hund gekommen, sollten Sie ihn konsequent über einen längeren Zeitraum auf Spaziergängen nicht mit anderen Hunden spielen lassen. Stattdessen verabreden Sie sich lieber mit bekannten Hundehaltern zum Hundespiel.

Basisübung: Leinenaggression – nein danke!

Eine ausgezeichnete Basisübung für Hundebegegnungen ist folgende: Stellen Sie zwei Stäbe (oder zwei andere Ziele) einige Meter voneinander entfernt auf. Je ein Mensch-Hund-Team stellt sich an einen Stab. Beide laufen gleichzeitig los und gehen aneinander vorbei. Die Menschen ignorieren sich völlig. Stattdessen spricht jeder seinen Hund *unverzüglich* an, sobald der andere Hund vorbeigelaufen ist. Für den Blick zum Menschen bekommt jeder Hund genauso *unver-*

Vieles ist mit diesem Training möglich: Nutzen Sie optische Ziele, hier zwei weiße Stäbe.

Trainieren Sie Begegnungen mit und – wie hier – ohne Leine.

Die beiden Teams gehen aufeinander zu, die Hunde werden nebeneinander abgesetzt und anschließend gleichzeitig oder nacheinander abgerufen.

züglich ein Leckerchen. Das wiederholen beide einige Male. Danach wird jeder Hund seinen Menschen ansehen, sobald der andere Hund vorbeigelaufen ist. Wir arbeiten hier gleich auf mehreren Lernschienen gleichzeitig, darum lernt jeder Hund sehr schnell, was sich lohnt und was sein Mensch von ihm erwartet: nämlich einen kurzen Blickkontakt direkt nach einer Hundebegegnung Die Stäbe spielen vor allem für Hunde, die bereits eine Leinenaggression entwickelt haben, und für ihre Menschen eine große Rolle. Sie bilden sozusagen den rettenden Anker oder das Ziel, an dem sich jeder optisch festhält.

Wichtig ist, dass Sie diese Übung variieren, sobald die Begegnung an der Leine so verläuft, dass jeder der Hunde unmittelbar nach dem Passieren des anderen Hundes seinen Menschen ansieht. Trainieren Sie genau diesen Ablauf auch ohne Leine. Nutzt Ihr Hund die Gelegenheit, sich fortzustehlen, lassen Sie die Leine schleifen, damit der Hund sieht, dass Sie beide Hände frei haben. Nun können Sie schnell auf die Leine treten, falls Ihr Hund Ihre Seite verlässt.

Klappt auch diese Übung gut, rufen Sie die beiden Hunde über Kreuz ab. Andere Varianten sind *Sitz* aus der Bewegung mit und ohne Abrufen oder *Platz*. Nutzen Sie auch jetzt noch die bereits bekannten Stäbe.

Wiederholen Sie diese Übung mit möglichst vielen unterschiedlichen Hunden. Sie werden sehen, wie schnell sich der Erfolg auch unterwegs einstellt. Denn bei ungeplanten Hundebegegnungen reagieren sowohl Sie als auch Ihr Hund demnächst ganz anders: souverän, kontrolliert gleichmäßig – und als Team!

Ängste überwinden

Nicht alle Hunde genießen Spaziergänge, Reisen und Ausläufe. Manche haben Angst vor einigen und manche auch vor sehr vielen Dingen: vor Menschen, anderen Hunden, Autos, Pferden.

Einen generell ängstlichen Hund sollte man auf keinen Fall Reizen aussetzen, denen er nicht gewachsen ist. Arbeiten Sie geduldig daran, dass Ihr Hund seine Ängste überwindet, nach und nach. Hunde generalisieren wesentlich schlechter als Menschen. Vor allem das, was ihnen gefährlich erscheint, bleibt auch lange gefährlich. Je nach Wesensfestigkeit benötigen Sie sehr viele oder wenige positive Wiederholungen in unterschiedlichen Situationen, bis Ihr Hund zum Beispiel keine Angst mehr vor einer blauen Mülltonne hat.

Teilen Sie Ihr Leben mit einem generell ängstlichen Hund, sollten Sie vor allem ihm zuliebe daran arbeiten, dass er in Zukunft sicherer durchs Leben geht, denn ein stets ängstlicher Hund ist kein glücklicher Hund. Lesen Sie sich am besten ein in die Themenbereiche Angst, Phobie und Furcht und suchen Sie sich notfalls auch einen kompetenten Trainer. Oft kann man das Selbstbewusstsein ängstlicher Hunde stärken, indem man ihnen lösbare Aufgaben stellt oder gemeinsamen Hundesport betreibt.

Zudem gibt es einige Dinge, die Sie sofort umsetzen können, wenn Ihr Hund unterwegs Angst zeigt. Versuchen Sie auf keinen Fall, ihn zu beruhigen oder zu trösten. Das verstärkt seine Angst. Je nach Hundetyp und Situation könnte man stehen bleiben oder

Auch einem unsicheren Hund helfen regelmäßige Blickkontaktübungen, weil er lernt, sich mehr auf seinen Menschen als auf seine Umwelt zu konzentrieren.

sich hinsetzen und den Hund erst einmal in Ruhe die Situation ausloten lassen. Ganz häufig urteilen unsere Hunde nach der ersten Schrecksekunde bei längerem Hinsehen und Ihrem ruhigen, desinteressierten Verhalten, dass es gar nicht so gefährlich ist, was ihnen gerade noch Angst gemacht hat.

Betreibt Ihr Hund anderen Hunden gegenüber Wegelagerei aus Unsicherheit, sollten Sie ihm helfen. Locken Sie ihn an den Wegrand, möglichst bevor er sich hinlegt. Wählen Sie die richtige Seite, damit die Hunde nicht direkt aneinander vorbeilaufen. Dazu müssen Sie reagieren, sobald Sie den entgegenkommenden Hund sehen. Liegt Ihr Hund erst, ist er häufig nicht mehr dazu zu bewegen aufzustehen. In diesem Fall könnte höchstens das Weitergehen mit einem gut trainierten *Fuß* funktionieren. Sorgen Sie dafür, dass der andere Hund in gebührendem Abstand an Ihnen vorbeilaufen kann. Am besten wäre es, Sie machen einen weiten Bogen um ihn. Häufig geschieht es trotzdem, dass der vorbeilaufende Hund die Unsicherheit Ihres Hundes bemerkt und einen Mobbingversuch startet, indem er Ihren unsicheren Hund fixiert oder sich in Ihre Richtung stürzt. Dann sollte der Abstand der beiden Hunde größer sein als die Leinen lang sind. Ihrem Hund erleichtern Sie diese Art von Begegnungen, indem Sie ihm beibringen, Blickkontakt zu Ihnen zu halten, und gleichzeitig zügig weiterlaufen. Die Alternativhandlung für Ihren Hund zur Wegelagererposition heißt also: den anderen Hund ignorieren und desinteressiert weitergehen.

Geben Sie Ihrem Hund in Situationen, in denen er Angst hat, kein Leckerchen. Er könnte sich für seine Angst gelobt fühlen. Nicht immer belohnen wir nämlich nur die Taten unserer Hunde, sondern manchmal auch die Gefühle. Nur um diesen Fehler auszuschließen, sollten Sie so neutral wie möglich bleiben.

Zwingen Sie Ihren Hund nicht, sich einem Objekt oder einer Situation zu nähern, vor der er Angst hat. Nicht immer ist jedoch der Rückzug die richtige Alternative, denn auch dann könnte Ihr Hund verknüpfen: Mein Mensch denkt auch, dass es hier gefährlich ist. Erst einmal abwarten, wie sich das Verhalten des Hundes in den nächsten Sekunden entwickelt, das ist hier die Devise.

Sollten Sie jedoch feststellen, dass die Angst Ihres Hundes zu einer Panik wird, oder ist er nicht mehr ansprechbar, dann gehen Sie langsam und bedächtig weiter. Sagen Sie kein Wort und bleiben Sie auch jetzt so neutral wie möglich in Ihrer Körperhaltung und Gestik. Wenn Sie Ihren Hund nun beobachten, wissen Sie, warum Sie so reagieren sollten: Er wird eindringlich versuchen, irgendetwas bei Ihnen abzulesen. Gehen Sie nicht das Risiko ein, dass er das Falsche liest. Manche Hunde haben nicht unbedingt Angst, sondern sind eher vorsichtig. Damit aus der Vorsicht keine Angst wird, hilft es häufig, beim ersten Anzeichen ein Leckerchen zum Beispiel auf das rote Kinderfeuerwehrauto in der Fußgängerzone zu legen oder dem langbärtigen Gitarrenspieler ein Leckerchen in die Hand zu drücken, das er dem Hund gibt. Achten Sie darauf, dass bei wesensmäßig unsicheren Hunden – vor allem bei jungen Hunden – aus diesen kleinen Unsicherheiten keine großen Ängste werden. Gehen Sie häufiger auf genau diese Dinge, Menschen oder Tiere zu und arbeiten Sie in diesem Fall mit dem Lernmittel der Gewöhnung. Sie werden sehen, dass Ihr Hund hierdurch generell schneller lernt, seine Ängste zu überwinden.

Unterwegs trotz Aggression

Auch, ja eigentlich gerade Hunde, die zu Aggressionen neigen, sollten hinaus in die Welt. Aber es ist nicht leicht, mit einem aggressiven Hund unterwegs zu sein. Denken Sie bitte daran, dass Sie der Umwelt und Ihrem Hund gegenüber eine Verantwortung haben. Jawohl, auch Ihrem Hund gegenüber, denn wenn Sie mit einem Aggressionsproblem einfach so frisch, fröhlich und frei durch die Welt wandern, riskieren Sie, dass sich das Problem Ihres Hundes verstärkt und festsetzt.

Daher sollten Sie beim ersten Auftauchen eines Aggressionsproblems kompetente Hilfe aufsuchen, wenn Sie nicht ganz sicher sind, dass Sie Ihrem Hund auch allein helfen können. Denn Aggression darf und muss man nicht als gegeben hinnehmen.

Es gibt unterschiedliche Gründe für Aggression. Die Leinenaggression haben wir weiter oben besprochen. Nicht selten sind auch die Beuteaggression, die angstbedingte Aggression, geschlechtsspezifische Aggression, die sozial bedingte Aggression und die Aggression aufgrund eines Kontrollkomplexes. Allein dieses Thema füllt ganze Bücher, daher gibt es hier nur einige Sätze zu jeder Aggressionsart.

Ronja kennt keinerlei Aggression. Auch ihr geliebter Ball ist nie ein Grund für Ärger mit anderen Hunden. So sollte es sein.

Hunde mit offensichtlicher Beuteaggression verteidigen bei jeder Gelegenheit ihren Stock oder ihr Spielzeug. Ursache ist ein übersteigerter Beutetrieb, an dem wir Menschen durch Zucht und durch (falsche) Aufzucht nicht selten selbst schuld sind.

Die angstbedingte Aggression hat nur ein Ziel: Der Hund möchte sich den Auslöser seiner Angst – ein anderer Mensch, Hund, ein Fahrrad – so weit wie möglich vom Leib halten. Hier ist fast immer Distanzvergrößerung der Grund für aggressives Verhalten: Der Hund möchte nur, dass das *Ding* verschwindet.

Aggression unter Rüden oder Aggression unter Hündinnen sind nicht selten. In diesen Fällen spielen Erziehung, aber auch hormonelle Einflüsse eine große Rolle. Von Einzelfall zu Einzelfall könnte auch über eine Kastration nachgedacht werden. Manchmal bringt diese den gewünschten Erfolg, manchmal aber auch nicht. Auf keinen Fall sollte man diese Entscheidung ohne fachlichen Rat treffen. Jedoch helfen den betroffenen Hunden Erziehung und klare familiäre Strukturen in sehr hohem Maß.

Konsequente Erziehung und eine deutliche Eingliederung in die Familie sind ebenfalls ausgezeichnete Hilfsmittel bei sozial bedingter Aggression. Bei dieser Aggressionsart erklärt ein Hund seinen Menschen zu seiner Ressource. Er möchte ihn von der Außenwelt abgrenzen, um ihn zu beschützen oder einfach, um klarzustellen: Den Meter um meinen Menschen herum kontrolliere *ich*.

Der letzte Grund für aggressives Verhalten – der Kontrollkomplex – ist sehr ernst zu nehmen. Diese Hunde sind deswegen gefährlich, weil sie sich für einen Menschen oft unvorhergesehen und aus vollkommen unersichtlichen Gründen heraus aggressiv zeigen. Unvorhersehbar ist ihre Reaktion tatsächlich jedoch nicht, aber häufig sehr schlecht zu erkennen. Und aus ihrer Sicht heraus haben diese Hunde auch immer einen aktuellen Grund. Hunde, die unter einem Kontrollkomplex leiden, besitzen eine sehr niedrige Frustrationstoleranz. Sie werden schnell erregt, wenn sie bemerken, dass sie kontrolliert werden oder eine Konkurrenzsituation für sie eintritt. Dann zeigt sich in ihrer Reaktion eine ungehemmte Aggression.

Die Gefahr liegt darin, dass sich aggressives Verhalten ritualisieren, also als Gewohnheit festsetzen kann, wenn Sie den Hund unkontrolliert immer wieder den Reizenaussetzen, die dieses Verhalten auslösen. Aggression aufgrund eines Kontrollkomplexes zu erkennen ist wichtig für die Entscheidung, wie und ob überhaupt mit dem Hund trainiert werden kann. Ein betroffener Hund gehört in die Hände eines Fachmanns. Kein Training oder falsches Training können fatale Auswirkungen haben.

O ja, mein Maulkorb!

Für welchen Weg man sich auch entscheidet, im Falle eines Aggressionsproblems, in dem der Hund dazu neigt, zu schnappen oder sogar zu beißen, kann man keinesfalls ohne Maulkorb in die Öffentlichkeit gehen. Ich höre jetzt viele rufen: Ein Maulkorb?? Nein, auf keinen Fall! Das sieht ja gefährlich aus. Umgekehrt ist es natürlich richtig, denn gefährlich könnte jeder Hund sein, der *keinen* Maulkorb trägt. Haben Sie also keine Hemmungen, einem Hund im Notfall auch mal einen Maulkorb anzulegen.

Drei Gründe gibt es für die Nutzung eines Maulkorbs, wenn ein Hund sich aggressiv zeigt. Erstens kann Ihr Hund ab sofort niemanden mehr schädigen.

Zweitens braucht man keine Angst zu haben, dass dies geschieht, denn allein die Angst des Menschen lässt diesen Adrenalin und andere Stresshormone ausstoßen. Diese riecht der Hund und er wird die aktuelle Situation als gefährlich einstufen – allerdings fatalerweise aus einem anderen Grund als sein Mensch. Trägt der Hund einen Maulkorb, kann sich sein Mensch als derjenige zeigen, der immer die Ruhe und den Überblick behält.

Und drittens darf ein Hund mit einem Aggressionsproblem *auf keinen Fall* einen Beißerfolg haben. Zum einen lernt er dann, dass sich Beißen lohnt, zum anderen werden in diesem Fall Substanzen im Hundekörper freigesetzt, die ihn dazu veranlassen, beim nächsten Mal womöglich noch schneller zuzufassen. Je häufiger ein Hund gebissen hat, desto schwieriger wird eine Therapie.

Jeder Hund sollte seinen Maulkorb toll finden! Dazu müssen Sie ihn aber positiv daran gewöhnen. Am besten, Sie füttern ihn anfangs daraus, zeigen ihm, dass er aus ihm Leckerchen fischen und sogar trinken kann. Legen Sie den Maulkorb während der ersten Tage nur jeweils einige Minuten lang an. Spielen Sie mit Ihrem Hund, wenn er den Maulkorb trägt, und lassen Sie ihn auch zu Hause tragen. Sagen Sie ihm, wie super er damit aussieht. Egal, was Sie machen, Hauptsache Ihr Hund merkt, dass Sie ihn mit Maulkorb besonders lieben, eigentlich noch ein bisschen mehr als ohne.

Jeder Hund sollte an einen Maulkorb gewöhnt werden, nur für den Fall, dass er ihn beim Tierarzt oder auf Reisen tragen muss.

Es gibt viele unterschiedliche Maulkörbe. Wenn Sie Ihrem Hund einen Gefallen tun und seinen Stress nicht noch vergrößern möchten, dann kaufen Sie ihm doch einen leichten aus hartem Kunststoff. Er sollte gut passen. Sichern Sie den Maulkorb zusätzlich, indem Sie die Schlaufe vor dem Zusammenhaken noch einmal zwischen Hals und Halsband führen, damit er sich den Maulkorb nicht nach vorn über den Kopf abziehen kann.

Allerdings gibt es noch einen anderen Grund, jeden Hund an einen Maulkorb zu gewöhnen. Es könnte nötig sein, dass er während einer kurzen, aber schmerzhaften Tierarztbehandlung einen Maulkorb tragen muss, damit er nicht nach dem Tierarzt schnappt. Außerdem besteht bei Reisen innerhalb mancher europäischer Länder und bei Bahn- oder Busreisen auch innerhalb Deutschlands unter bestimmten Bedingungen Maulkorbpflicht. Darüber sprechen wir später.

Gruppenspaziergänge machen Spaß.

Unterwegs durch Wälder und Felder

Am liebsten sind wir mit unseren Hunden in der Natur unterwegs. Es macht Spaß, gemeinsam über Wiesen zu laufen oder durch den Wald zu wandern. Auch unsere Hunde genießen diese Spaziergänge am meisten. Trotzdem gibt es einige Dinge, die manchmal schieflaufen und Ärger bereiten. Aber wir haben ja alles selbst in der Hand. Trainieren Sie mit Ihrem Hund die alltäglichen Vokabeln und gutes Benehmen auch dort, wo Sie gern entspannen möchten, beschäftigen Sie sich miteinander und gehen Sie mit Verstand durch die Natur, dann wird aus jedem Spaziergang ein schöner Spaziergang.

Training: Was, wie und wo?

Vor allem mit Welpen und Junghunden sollte man regelmäßig überall dort trainieren, wo man sich gerade befindet. Es müssen ja nur wenige Minuten sein, doch der Hund lernt, dass *Fuß*laufen überall funktioniert, nicht nur auf dem Trainingsplatz. Zum Beispiel macht es Sinn, mit Hunden, die Wasser über alles lieben, genau am Uferrand eines Sees *Fuß* und *Platz* zu trainieren. Das kostet den Hund Überwindung, bringt Ihnen jedoch einen vierbeinigen Freund, der sich nicht johlend in jede Pfütze wirft, wenn Sie es nicht möchten. Genauso sollten Sie andere Tiere zum Anlass nehmen, Standruhe und Gehorsamkeit zu trainieren. Bleiben Sie doch mal vor Kühen oder Schafen stehen. Wenn er sich aufregt, warten Sie ohne jegliche Bewegung, bis er sich beruhigt, dann üben Sie *Sitz*, *Platz* oder *Fuß*. Zudem ist es immer eine gute Idee, vor allem im Wald oder auf Feldern, die jeden Hund zu alleinigen Ausflügen geradezu einladen, mit unserem Vierbeiner Beschäftigungsübungen zu machen oder einfach nur Spaß zu haben. Dazu rufen Sie Ihren Hund zwischendurch zu sich heran. Machen Sie eine Schauübung, lassen Sie ihn sein Lieblingsspielzeug suchen oder werfen Sie ein Leckerchen einige Meter entfernt, das er dann suchen muss. Außerdem ist es lustig, gemeinsam über Baumstämme zu turnen oder Blätter aufzuwirbeln. Egal, was Sie machen, haben Sie Spaß mit Ihrem Hund.

Seltsame Sitz-Übung auf dem Dach? Nein, Frauchen hat Maja auf einer niedrigen Mauer mit Dachpfannen abgesetzt und sorgt somit für Abwechslung im Training.

Natürlich Natur: Wissen, das hilft

Vor allem, wenn wir im Wald unterwegs sind, gibt es einige Dinge, die wir als Hundehalter wissen und an die wir uns auch halten sollten. Auf den meisten Waldwegen dürfen Hunde frei und ohne Leine laufen. Allerdings müssen sie jederzeit abrufbar und kontrollierbar sein. So will es das Gesetz. Sind sie dies nicht und hetzen sie Tiere, hat ein Jäger sogar das Recht, sie zu erschießen. Also sollten wir alle dafür sorgen, dass wir gemeinsam mit unseren Hunden Waldspaziergänge ohne Stress genießen können.

Informieren Sie sich daher über die gesetzlichen Regelungen bezüglich der Brut- und Setzzeiten in Ihrem Bundesland, über Perioden, in denen Anleinpflicht gilt, und auch über Jagdzeiten. Meiden Sie Gebiete, in denen eine Jagd stattfindet, denn hier könnte es zu gefährlichen Querschlägern oder einem versehentlichen Schuss auf Ihren Hund kommen. Wenn Sie den zuständigen Förster treffen, gehen Sie nicht mit beleidigtem Gesicht an ihm vorbei, sondern fragen Sie ihn doch mal, wo Sie auf Ihren Hund besonders achtgeben müssen, weil es Fütterungsplätze für Wildtiere oder andere Verleitungen gibt. Das bringt Ihnen den Vorteil, dass Sie ab sofort wissen, wo Ihr Hund kleine Jagdausflüge plant, die Sie nun rechtzeitig verhindern können. Außerdem werden Sie sehen, um wie viel besser sich Förster und Hundebesitzer plötzlich verstehen, ganz einfach, weil man mal zusammen redet.

Weidmannsheil, Herr Hund!

Während die meisten Hunde im Haus geradezu brave Lämmer sind, entwickeln sie sich in freier Natur regelrecht zur Führungskraft. Das ist kein Wunder, denn vor allem im Wald und in den Feldern sind uns unsere vierbeinigen Familienmitglieder mit ihrem feinen Geruchssinn, dem ausgezeichneten Gehör und den guten Augen eines Bewegungssehers weit voraus. Häufig haben sie den Jagdausflug bereits geplant, ehe wir noch den Karabiner von ihrem Halsband gelöst haben. Wahrscheinlich hatten Sie den ganzen Tag Stress und möchten sich nun auf einem schönen Waldspaziergang mit Ihrem Hund ausruhen. Ihr Hund jedoch hat sich den ganzen Tag ausgeruht. Er ist nun fit und bereit, endlich neue Abenteuer zu bestehen, seinen Bewegungstrieb auszuleben und riesigen Spaß zu haben.

Wenn auch nicht alle, so sind doch die meisten Hunde von Geburt an begnadete Jäger und haben großen Spaß am Aufstöbern und Hetzen. Wenn Sie einen jagenden Hund immer ohne Leine laufen lassen, werden Sie große Probleme bekommen; wenn Sie ihn nie ableinen, aber auch. Im ersten Fall ist er eine große Gefahr für den Straßenverkehr, das Wild und andere Menschen, im zweiten Fall würde er schier verrückt werden, wenn er ohne die Hilfe eines Trainings gegen seine Jagdpassion immer an einer Leine den verlockenden Gerüchen des Waldes ausgesetzt würde. Keine der beiden Möglichkeiten ist gut, und so bleibt Ihnen nur, etwas gegen den ausufernden Jagdtrieb zu tun.

Ein gutes Antijagdtraining sollte immer auf drei Säulen basieren: Bindung und Vertrauen, Gehorsamkeit und Standruhe, Triebauslastung und Beschäftigung.

In Kurzform bedeutet das: Trainieren Sie anfangs den ganz normalen Grundgehorsam: *Sitz*, *Platz*, *Fuß*. Fügen Sie immer mehr Ablenkungen hinzu, arbeiten Sie schließlich mit Wildgerüchen und Bewegungsreizen, verbieten Sie Ihrem Hund mit einem klaren, deutlichen *Nein* schon das Ansehen des Wildes oder das Aufnehmen einer Fährte. Zudem sollten Sie unbedingt seine Triebe anderweitig auslasten, vielleicht durch Apportieraufgaben, durch Schleppenarbeit oder Mantrailing. Die Grundlage für alle diese Übungen ist jedoch eine gute Bindung, die der Hund zu seinem Menschen haben sollte.

Viele Hunde leben ihre Jagdleidenschaft aus, wenn sie ihren täglichen Spaziergang durch den Wald oder durch die Siedlung machen. Fast überall gibt es Katzen. Nachbars Katzen. Und Hunde würden Katzen kaufen! Machen Sie schon Ihrem Welpen, später Ihrem Junghund klar, dass Katzen generell nicht gejagt werden dürfen, ansonsten gibt es ständig Stress mit Ihren Nachbarn, aber auch mit Ihrem Hund. Es ist nicht witzig, wenn Sie nach einigen Stunden Arbeitsstress nach Hause kommen, mit Ihrem ausgesprochen ausgeruhten vierbeinigen Familienmitglied eine kleine Runde an der frischen Luft laufen möchten – und der beste Hund von allen nur das eine Ziel vor Augen hat: Er sucht Katzen und wird zum keifenden Leinenrambo bei jeder, die er sieht.

Es ist nicht leicht, den Jagdtrieb eines Hundes zu kontrollieren, aber mit einem sorgfältigen Training durchaus auch bei passionierten Jägern möglich. Laufen Sie vorausschauend. Im Zweifelsfall und ehe Ihr Hund das Weite sucht, sollten Sie ihn anleinen. Und wenn Sie wissen, dass er ohnehin nur an der Leine gehen kann, dann sollte es auf jeden Fall eine lange Schleppleine sein. Alles andere wäre gemein.

Gruppenspaziergänge

Gruppenspaziergänge sind eine beliebte Freizeitgestaltung. Sie machen Hunden und Menschen Spaß, denn beide können auf ihnen fröhlich und unbesorgt reden, laufen und sich entspannen. Selbst Hunde, die sich im Haus oder auf eingezäunten Wiesen nicht vertragen, sind plötzlich die dicksten

Ein wenig Training in der Gruppe kann nie schaden.

Freunde. Sie sind gut gelaunt, können sich aus dem Weg gehen und ungestört miteinander kommunizieren.

Es könnte alles so schön sein, wenn nicht anderen entgegenkommenden Menschen und Hunden häufig das Herz in die Hose sacken würde, wenn sie auf eine Menschen-Hunde-Gruppe treffen. Denn wer weiß schon, ob die vielen Hunde nett und gut erzogen sind, durch die man sich nun zwängen muss? Und die vielen Menschen hinter den Hunden verlängern das Spießrutenlaufen häufig auch noch.

Wie wäre es, wenn man sich als Gruppe mit den entgegenkommenden Spaziergängern verständigt? Im Zweifelsfall sollte jeder seinen Hund auch hier anleinen, um Ängste fremder Hunde und Menschen zu verhindern.

Und wie wäre es, wenn Sie innerhalb eines Gruppenspaziergangs ein kurzes Gruppentraining machen? Man könnte Hundebegegnungen trainieren und auch das Abrufen zweier oder mehrerer Hunde.

Auch kurze Beschäftigungsphasen kann man in Gruppenspaziergänge einbauen. Verstecken Sie doch mal kleine weiße Geruchsröhrchen (Sniffers) oder bauen Sie Apportieraufgaben ein. Während ein Hund arbeitet, müssen die anderen zuschauen. Das ist gut für die Impulskontrolle. Oder alle arbeiten gleichzeitig. Das ist gut für die Gehorsamkeit und Bindung.

Bitte lassen Sie nur nicht zu, dass die Hundegruppe wie eine wild gewordene Horde durch die Natur stürzt und andere Tiere und Menschen belästigt. Damit tun Sie weder diesen einen Gefallen noch der Hundewelt insgesamt, denn durch solche Aktionen leidet der Ruf aller Hunde und Hundehalter.

Der Fahrradbegleithund

Hunde lieben es, neben dem Fahrrad herzulaufen, können sie sich doch endlich in ihrer natürlichen Geschwindigkeit fortbewegen. Angeleint sollten sie in diesem Fall immer ein Geschirr tragen, im Dunkeln auch ein Leuchthalsband oder eine Warnweste. Der Hund muss laut Straßenverkehrsordnung am Rad rechts laufen.

Beginnen Sie mit kurzen Fahrradrunden und steigern Sie diese täglich minutenweise. Der Hund sollte dazu mindestens ein Jahr alt sein. Auch lange Fahrradtouren können Hunde sehr gut mitmachen, doch sie können nicht stundenlang mitlaufen. Kleine Hunde sollte man zwischendurch in ein Körbchen setzen, das am Lenkrad oder auf dem Gepäckträger befestigt ist. Am besten legen Sie sich gleich eines zu, das man oben mit einem Gitter schließen kann, damit der Hund nicht hinausspringt oder -fällt.

Für große Hunde gibt es leichte Anhänger, die hinten am Fahrrad befestigt werden. Korb und Anhänger bieten Ihrem Hund auch in der Stadt eine größere Verkehrssicherheit, wenn es dort eventuell zu gefährlich ist, neben dem Fahrrad herzulaufen.

Foto: JBTierfoto

Training für den Ernstfall: Ronja bleibt gelassen liegen, bis Frauchen zurückkommt.

Unterwegs in der Stadt

Wenn wir mit unserem Hund in die Stadt gehen, sind zwei Dinge so wichtig wie sonst an keinem anderen Ort der Welt: Kotbeutel und Papiertaschentücher. Geschieht nämlich hier ein Malheur, müssen wir es auf jeden Fall forträumen. Am besten, Sie warten nicht, bis Ihr Hund sein Geschäft beendet hat, sondern holen gleich den Beutel aus der Tasche. Damit vermeiden Sie Ärger bei Passanten, und vor allem ärgern Sie sich nicht, wenn Sie daraufhin angesprochen werden, obwohl Sie ohnehin vorhatten, das Häufchen fortzuräumen.

Es ist immer eine gute Idee, vor einem Stadtbesuch den Hund zu Hause oder am Parkplatz mit einer längeren Leine noch einmal kurz laufen zu lassen, damit er vielleicht lieber dort sein Geschäft verrichtet, statt in der Fußgängerzone die Aufmerksamkeit vieler Leute auf sich zu ziehen.

Training in der Stadt

Was wir auf dem Trainingsplatz, zu Hause, im Garten und im Wald üben, sollten wir dringend auch in der Stadt trainieren. Wir können nicht voraussetzen, dass unser Hund wie von Zauberhand alles, was er kann, auch in dieser aufregenden, mit Reizen überfluteten Stadtsituation zeigt.

Deswegen sollten wir auch hier alle Grundkommandos wiederholen, den Hund mal kurz vor einem Geschäft absetzen oder ablegen, uns mit ihm in ein Straßencafé setzen oder in Ruhe durch die Straßen bummeln. Wir sollten – ist der Hund sehr abgelenkt – sogar seinen Namen noch einmal nachkonditionieren. Setzen Sie sich dazu auf eine Bank inmitten des Trubels, holen Sie Ihre in weiser Voraussicht hierzu mitgebrachten Superleckerchen heraus, stellen mit diesen Blickkontakt zu Ihrem Hund her, nennen seinen Namen und geben ihm *gleichzeitig* das Leckerchen. Dies wiederholen Sie einige Male. Ist Ihr Hund nicht in der Lage, Ihnen zu folgen, sollten Sie sich eine ruhigere Ecke für diese Übung suchen. Sie werden sehen, dass sich gerade in der Stadt viele Hunde ausgezeichnet benehmen können. Sie sind eben *Stadthunde*, an den Trubel gewöhnt und ausgestattet mit einem guten Nervenkostüm. Damit sind sie hervorragende Trainingspartner für Hundebegegnungen. Nutzen Sie die

Eine gute Übung ist es, sich ins Straßencafé zu setzen und sich zu entspannen.

Gelegenheit und bringen Sie Ihrem Hund bei, dass man auch in einer so extremen, reizüberfluteten Situation ruhig bleiben kann.

Hatte Ihr Hund bei einem Stadtbesuch besonders viel Stress, lassen Sie ihn nach diesem direkt irgendwo frei laufen, damit er sich kurz austoben kann. Die meisten Hunde bauen Stress schnell und effektiv durch Rennen ab. Warten Sie nun einige Tage, ehe Sie ihn erneut mit in die Stadt nehmen, wiederholen Sie diese Besuche jedoch regelmäßig. Nur so kann sich Ihr Hund an all die Eindrücke gewöhnen, die ihm vielleicht anfangs Probleme bereiten.

Typische Stadtprobleme und wie sie keine bleiben

In der Stadt gibt es einige Schwierigkeiten, mit denen anfangs jeder Hund zu kämpfen hat. Mangelnde Aufmerksamkeit bis hin zu Unansprechbarkeit ist eines der häufigsten und größten Probleme. Der Hund hat sehr viel Stress, scheint ganz verrückt, bellt jeder Taube und jedem Hund hinterher, zappelt herum, zeigt vielleicht sogar Reaktionen, die er sonst nie zeigt. Spricht man ihn an, erscheint die Ansage: „Ding-deng-dong. Es tut mir leid, alle Leitungen sind belegt. Bitte versuchen Sie es später noch einmal."

Halt! Was immer man in dieser Situation mit Vorliebe macht, ist häufig falsch. Je mehr wir auf diesen Hund mit besetzten Leitungen einreden, je mehr wir gestikulieren und uns bewegen, desto schlimmer wird sein Verhalten.

Ehe Sie jetzt irgendetwas machen, ehe Sie Ihren Einkaufsbummel fortsetzen, bringen Sie erst einmal Ruhe in den Hund.

Die beste aller Ideen ist es, sich irgendwo hinzusetzen und sich das geschäftige Treiben der anderen von außen anzusehen. Lassen Sie Ihren Hund beobachten, was so um ihn herum geschieht. Er muss all die Reize, die auf ihn einprasseln, erst einmal verarbeiten. Sie könnten eine Zeitung lesen oder gemütlich eine Wurst essen, egal, Hauptsache ausruhen.

Wenn sich Ihr Hund beruhigt hat und ansprechbar ist, machen Sie – immer noch auf einer Bank sitzend – die Blickkontaktübung. Für jeden Blickkontakt gibt es ein Superleckerchen. Oder Sie lassen ihn kleine Wurststückchen aus der Luft schnappen. Oder Sie wiederholen mal wieder die Zeitlupenübung. Oder Sie legen ein Leckerchen zwischen die Füße Ihres Hundes, das er erst nehmen darf, wenn Sie es sagen. Seien Sie kreativ und sorgen Sie dafür, dass Ihr Hund die reizvolle Welt um sich herum vergisst und sein Hauptinteresse wieder Ihnen gilt.

Was machen wir, wenn mein Hund an der Leine schreit, fiept und zerrt? Auch jetzt gilt: Immer die Ruhe bewahren. Lassen Sie die Leine fallen und ignorieren Sie ihn, solange er sich so verrückt verhält. Sobald er ruhig ist *und* Sie ansieht (nur dann!), loben und beachten Sie ihn. Dann darf es auch gern ein Stückchen Wurst sein, mit dem er belohnt wird.

Ein häufiger Grund für die Nervosität unserer Hunde in der Stadt sind aber nicht nur die fremden äußeren Einflüsse, sondern

Es ist praktisch, sich eine Kombileine umzuhängen.

häufig auch – die Leine. Genauer gesagt ist es unsere Handhabung der Leine. Ständig wandert sie von der linken in die rechte Hand, mal tragen wir zwei Taschen, eine davon in der gleichen Hand, mit der wir auch die Leine festhalten, und häufig straffen wir die Leine, weil wir gerade nach einem Kleiderbügel fassen, obwohl wir sie gar nicht straffen möchten.

Dies alles stresst unseren Hund zusätzlich. Dabei gibt es so eine einfache Lösung: Wenn wir uns eine zwei Meter lange Kombileine umhängen, dann haben wir die Hände frei, bewegen nicht ständig die Leine, diese hat immer die gleiche Länge, und unser Hund weiß zuverlässig, wo er laufen und wie weit er sich von uns entfernen kann. Und wenn er sich doch mal in die Leine wirft, weil er eine Taube sieht, dann wirft es Sie nicht um und Sie zerren ihn nicht zurück. Probieren Sie es aus, Sie und Ihr Hund werden begeistert sein.

Reisen mit Hunden sollten gut geplant werden.

Unterwegs auf Reisen

Mit dem Hund zu verreisen macht noch mehr Spaß als ohne Hund zu verreisen. Gerade im Urlaub hat man endlich Zeit, und warum sollte man die nicht mit dem eigenen Hund verbringen? Ein wenig gibt es jedoch vorzubereiten, damit die Reise nicht in Stress ausartet. Generell gilt, dass innerhalb Europas jeder Hund einen EU-Heimtierausweis mit mindestens gültiger Tollwutschutzimpfung haben muss. Andere Impfungen sind je nach Land Vorschrift. Außerdem müssen Hunde gechipt sein, wenn sie EU-Grenzen überschreiten.

Nicht vergessen ...

Wie für uns, so sollten wir auch für unseren Hund den Koffer packen. Folgende Dinge sollten Sie nicht vergessen: Halsband mit Adressanhänger und Marke des Haustierregisters, Leine, Futter- und Wassernapf, Futter, Wasser für unterwegs, Decke, Korb oder Hundebox, Sicherheitsgurt, Spielzeug, Kottüten, Handtuch, Impfpass, Verbandszeug für kleinere Verletzungen und Medikamente, Maulkorb.

Einen Maulkorb benötigen Sie eventuell, wenn Sie in bestimmte europäische Länder reisen. Sie müssen ihn mitführen, teilweise darf der Hund nur mit Maulkorb laufen, manchmal müssen Sie ihn auch bei der Einreise vorzeigen. In einigen öffentlichen Verkehrsmitteln ist ein Maulkorb vorgeschrieben. Erkundigen Sie sich auf jeden Fall vor Antritt einer Reise, ob Ihr Hund einen Maulkorb braucht.

Überhaupt sollten Sie sich bei Reisen in andere Länder informieren, welche konkreten Einreisebestimmungen es gibt. Sie unterscheiden sich teilweise erheblich voneinander und ändern sich auch manchmal von Jahr zu Jahr. Lassen Sie es lieber nicht darauf ankommen, an der Grenze Probleme zu bekommen. Es gibt nicht nur in Deutschland, sondern auch in anderen Ländern bestimmte Reisevorschriften oder auch Einreiseverbote für einige Hunderassen und Rassemixe, aber auch für die Gesamtzahl der eingeführten Hunde. So dürfen derzeit zum Beispiel in Frankreich maximal drei Hunde gleichzeitig ohne Genehmigung der zuständigen Behörden eingeführt werden.

Reisen in manche Länder bergen für Hunde auch gesundheitliche Gefahren. Erkundigen Sie sich ausreichend lange vor Antritt der Reise hiernach. Zum Beispiel sollte der Hund auf Reisen in die Mittelmeerländer dringend gegen Leishmaniose, Babesiose und gegen eine Infektion mit dem Herzbandwurm geschützt werden.

Auch oder gerade im Urlaub empfiehlt es sich, den Hund bei einem Haustierzentralregister angemeldet zu haben. TASSO e. V. ist zum Beispiel in vielen europäischen Ländern vertreten.

Zudem sollte der Hund einen Anhänger mit der Urlaubsadresse und Ihrer Handynummer am Halsband tragen. Wie schnell können versehentlich auch die besterzogenen Hunde verloren gehen!

Reisen mit dem Auto

Wer einen Hund hat, reist häufig mit dem Auto. Auch hier gibt es einige Tipps, die sowohl kurze Fahrten als auch lange Reisen erleichtern.

Generell sollte jede Autofahrt so beginnen, dass der Hund erst auf Ihr Zeichen hin in das Auto hineinspringen darf. Auch aussteigen sollte er erst nach Ihrer Erlaubnis. Hierbei ist es wichtig, dass Sie zuerst die Autotür öffnen, einige wenige Sekunden warten und dem Hund dann erst das Zeichen zum Ein- oder Aussteigen geben. Trainieren Sie auch, dass er länger bei geöffneter Autotür ungesichert im Auto liegen bleibt. Eine gute Trainingsgelegenheit hierfür wäre, wenn Sie zu Hause den Einkauf aus dem Auto räumen oder Gartenarbeit machen. So können Sie bald sicher sein, dass er Ihnen nicht unerwartet in den Verkehr springt oder aus dem Auto hopst, um einen Passanten anzuspringen.

Laut Straßenverkehrsordnung muss jeder Hund mit einem Sicherheitsgurt für Hunde oder durch den Transport in einer geschlossenen Hundebox gesichert werden. Vor allem für junge Hunde ist eine Box die beste Alternative. Der Welpe kann nichts annagen, er wird nicht hin und her geschleudert und die meisten Hunde fühlen sich in einer geschlossenen Box sicher und wohl.

Trainieren Sie schon von Welpenbeinen an, dass Ihr Hund auch einige Zeit allein im Auto bleibt. In einer Box kann er auch während der Wartezeit nichts kaputt machen. Verlängern Sie die Zeit langsam und stetig. Lassen Sie ihn ruhig mitfahren, wenn Sie nur kurze Besorgungen machen müssen, so ist er nicht zu lange allein und erfährt auf jedem Ausflug mehrmals, dass Sie fortgehen und bald wiederkommen. Das beruhigt jeden Hund und langweilt ihn sogar auf Dauer, sodass die meisten Hunde nach einer Weile noch nicht einmal mehr aufschauen, wenn man zurückkommt.

Sollte Ihr Hund dennoch ein wahres Indianergeheul während Ihrer Abwesenheit veranstalten, sollten Sie auf keinen Fall zum Auto zurückgehen, ehe er nicht wenigstens einige Sekunden still ist. Sonst würde er lernen: Ich muss nur lange genug bellen, dann kommt mein Mensch zurück.

Wenn Sie eine Autofähre benutzen, sollten Sie damit rechnen, dass der Hund meistens im Auto bleiben muss. Stellen Sie ihm (falls die Überfahrt länger dauern sollte) einen Wassernapf in erreichbare Nähe. Denken Sie daran, dass er eventuell Stress hat und vermehrt hechelt, sodass er trinken muss.

Wasser sollte er auch ständig während der Fahrt zur Verfügung haben, wenn Sie im Hochsommer reisen und es sehr heiß ist. Hunde „schwitzen" über das Hecheln mit der Zunge. Hierbei verdunstet Körperflüssigkeit, damit der Körper nicht überhitzt.

Diese Flüssigkeit muss der Hund so schnell wie möglich wieder aufnehmen, sonst droht ein Hitzschlag.

Lassen Sie den Hund lieber nicht im Fußraum mitfahren, wenn Sie eine Klimaanlage nutzen. Es besteht die Gefahr, dass er durch den ständigen Luftzug und die Kühlung eine Bindehautentzündung oder – bei längerer, starker Kühlung – sogar eine Erkältung bekommt. Wenn Sie die Heizung benutzen, gibt es ähnliche Probleme.

Getönte Scheiben und Sonnenschutznetze für die Fenster verhindern dagegen vor allem im Sommer und in südlichen Ländern sehr effektvoll, dass sich das Auto zu schnell aufheizt. Legen Sie während der Fahrt auch dem Hund zuliebe regelmäßige Pausen ein. Lassen Sie ihn während des Auslaufs aber auf jeden Fall angeleint, vor allem an Autobahnraststätten. Der zuverlässigste Hund könnte sich durch eine Ablenkung verleiten lassen und vor ein Auto laufen. Für den Notfall ist es jetzt sehr wichtig, dass ein Adressanhänger am Halsband hängt.

Leidet Ihr Hund unter Übelkeit beim Autofahren, sollten Sie ihn vor längeren Fahrten auf jeden Fall durch kurze Fahrten an die bevorstehende Reise gewöhnen. Manchmal helfen Tabletten gegen Reisekrankheit, manchmal aber leider auch nicht. Sie sollten sich nicht darauf verlassen. Es hat sich bewährt, den Hund nicht direkt auf der Hinterachse mitfahren zu lassen, ihn auf eine dicke, weiche Polsterung zu legen und ihn mindestens einen halben Tag lang vorher (besser noch länger) nicht zu füttern.

Schon vor der ersten Reise mit der Bahn oder einem Flugzeug sollte der Hund Bahnhof oder Flugplatz ohne Reisestress kennenlernen.

Reisen mit Bus und Bahn

Welche Hunde wie und unter welchen Bedingungen mit dem Bus fahren dürfen, bestimmen die Betreiber der Busgesellschaften und Reiseveranstalter selbst. Es bleibt Ihnen nichts anderes übrig, als sich rechtzeitig bei diesen zu informieren. Das gilt auch für städtische Bus-, Straßenbahn- und U-Bahn-Betriebe.

Für Reisen mit der Bahn gilt, dass kleine Hunde innerhalb Deutschlands kostenlos in Hundeboxen oder -taschen mitgenommen werden dürfen. Große Hunde bezahlen den Kinderpreis und müssen Maulkorb und Leine tragen. Blindenführhunde und Behindertenbegleithunde sind vom Maulkorbzwang befreit. Dies gilt für Fahrten innerhalb Deutschlands. Die Bestimmungen in anderen Ländern unterscheiden sich hier stark voneinander, sodass man sich auf jeden Fall über die aktuellen Vorschriften informieren sollte. In einigen Ländern sind in öffentlichen Verkehrsmitteln nur kleine Hunde in Transportbehältnissen erlaubt. Große Hunde dürfen generell nicht mitfahren. Auch hier ändern sich die Bestimmungen des Öfteren.

Reisen mit dem Flugzeug

Nicht alle Fluggesellschaften transportieren Hunde. Generell dürfen Hunde bis zu einem Gewicht von etwa fünf Kilogramm in Flugzeugen im Passagierraum mitfliegen, wenn sie in Transportbehältnissen untergebracht sind. Ansonsten müssen sie in Flugboxen im Frachtraum mitfliegen. Dies ist für Hunde mit starker Kurzatmigkeit oder für kranke Hunde nicht ungefährlich.

Buchen Sie Flüge für Ihren Hund lieber frühzeitig, denn die Anzahl der Plätze für Hunde je Flug ist begrenzt. Entscheiden Sie sich, falls möglich, am besten für Direktflüge. Dann muss auch Ihr Hund nicht umsteigen. Die Reise wird für ihn weniger stressig und es gibt nicht die theoretische Gefahr, dass er falsch umsteigt.

Eine Flugbox muss so groß sein, dass der Hund darin ausgestreckt liegen und stehen kann. Sie werden von Fluggesellschaften nicht verliehen oder zur Verfügung gestellt, sondern müssen gekauft werden.

Vergessen Sie nicht, ausreichend Wasser in oder an der Box zu befestigen, sodass das Flugpersonal den Hund jederzeit zusätzlich versorgen kann.

Gewöhnen Sie Ihren Hund einige Tage oder Wochen vor dem Flug an die Box. Legen Sie eine weiche warme Decke hinein, vielleicht seine Lieblingsdecke. Lassen Sie ihn darin schlafen, essen und spielen. Schließen Sie die Box nach der ersten Gewöhnung und lassen den Hund auch mal ein oder zwei Stunden darin, während Sie fortgehen.

So sollte Ihr Hund auch einige Flugstunden gut überstehen. Wenn Sie ihn am Zielflughafen endlich wieder in Empfang nehmen können, fahren Sie ihn am besten zuerst aus dem Gebäude und gehen mit ihm draußen an der Leine auf einen Grünstreifen. Hier kann er erst einmal seine Blase entleeren und sich orientieren. Nun dürfte einer angenehmen Weiterreise nichts mehr im Wege stehen.

Restaurantbesuche

Ist der Hund gut erzogen und benimmt sich unauffällig, darf er in der Regel auch mit in den Gastraum. Schon Welpen und junge

Hunde kann man frühzeitig an Besuche in Restaurants gewöhnen.

Es hat sich bewährt, den Hund an eine Decke zu gewöhnen, die ihn ständig begleitet. So lernt er schnell: Egal wo die Decke liegt, dort ist sein *Platz*. Das gibt ihm das Gefühl der Vertrautheit und Sicherheit. Er kann sich entspannen und bleibt ruhig. Geben Sie ihm einen Kauknochen oder sein Lieblingsspielzeug dazu, dann hat er etwas zu tun.

Legen Sie Ihren Hund im Restaurant am besten immer unter Ihrem Tisch ab oder an einer Stelle, die ruhig ist, also besser nicht direkt an einem Gang oder zwischen dem eigenen und dem Nachbartisch. Achten Sie auch darauf, dass kein anderer Gast oder der Kellner über ihn fallen kann.

Befindet sich noch ein weiterer Hund im Lokal, vermeiden Sie den Blickkontakt zwischen den beiden, damit sie sich nicht gegenseitig aufputschen.

Ist Ihr Hund anfangs unruhig, befestigen Sie die Leine (nicht zu kurz) an einem Stuhl- oder Tischbein und ignorieren Sie ihn. Manchmal sind Hunde jedoch so nervös, dass ihre Unruhe nicht nachlässt. Dann tut man sowohl dem Hund als auch den ande-

Aber, aber! Wer wird denn betteln? Erwartet der Hund etwas, wird er im Restaurant schnell unruhig.

ren Gästen und den Restaurantbesitzern einen Gefallen, wenn man den Aufenthalt kurz entschlossen abbricht.

Üben Sie jedoch genau diese Situation, indem Sie den Hund zu Hause – in seiner gewohnten Umgebung – ohne Stress und positiv an seine Decke gewöhnen. Leinen Sie ihn auch dort während des Essens an, bis er sich daran gewöhnt hat. Achten Sie darauf, dass die Leine zwar nicht zu lang ist, aber auch nicht zu kurz. Jeder Hund sollte aufstehen, sich umdrehen und zwei, drei Schritte gehen können. Ignorieren Sie ihn, solange er fiept oder unruhig ist, und belohnen Sie ihn mit Worten oder einem Leckerchen, wenn er ruhig liegen bleibt.

Und noch etwas sollte ein Hund in einem Restaurant können: für wenige Minuten am Tisch allein bleiben. Ob Sie sich kurz frisch machen, zum Büffet gehen oder die Rechnung an der Rezeption bezahlen – es ist immer schön, wenn der Hund gelernt hat, ruhig zu warten, bis Sie zurückkommen, und vor allem dort liegen zu bleiben, wo Sie ihn abgelegt haben.

Wenn der Hund gelernt hat, auf einer Decke ruhig zu warten, ist dies auch eine gute Hilfe im Restaurant.

Wir haben es in der Hand dafür zu sorgen, dass auch unser Hund ein gern gesehener Gast ist.

Peinlicher Auftritt oder gern gesehen: Der Hund als Gast

Nicht alle Leute haben gern Hunde als Gäste in ihrem Haus. Manche haben Angst vor ihnen oder befürchten, sie könnten etwas schmutzig machen oder annagen. Welchen Grund sie auch immer haben: Man muss es akzeptieren. In diesem Fall sollte der Hund ohne weitere Diskussion zu Hause oder im Auto bleiben.

Häufig jedoch sind unsere Hunde willkommen. Damit das so bleibt, sollte sich jeder Hund auch in fremden Häusern benehmen können. Selbstverständlich darf es nicht dazu kommen, dass unser Hund unseren Gastgeber anspringt. Halten Sie ihn daher beim Eintreten erst einmal an der Leine.

Der Hund sollte sauber sein, einen schmutzigen sollte man lieber nicht mit ins Haus nehmen. Besitzen Sie einen unkastrierten Rüden, macht es Sinn, ihn angeleint zu lassen und neben Ihrem Stuhl abzulegen. Unkastrierte Rüden neigen dazu, gern in fremden Wohnungen zu markieren, vor allem, wenn dort ebenfalls Hunde wohnen. Das ist nicht nur peinlich und unangenehm für uns Menschen, sondern führt auch häufig unter den anwesenden Hunden zu Meinungsverschiedenheiten. Manchmal gibt es zudem andere Haustiere, die unser Hund nicht jagen darf. Fragen Sie im Zweifelsfall nach, vor allem, wenn Ihr Hund sehr interessiert am Boden schnüffelt. Sie wissen ja: Hunde würden Katzen kaufen. Zu einer Prügelei kann es aber auch durch stehengebliebenes Futter oder herumliegendes Spielzeug kommen, wenn sich ein Gasthund nähert. Räumen Sie deswegen so schnell wie möglich alle Spielzeuge und das Futter fort, egal, ob Sie Gast sind oder Gastgeber. Manchmal hat der Gastgeber an so viele Dinge zu denken, dass er dieses vergisst.

Zum Schluss noch ein Gedanke, der mir bereits des Öfteren gekommen ist. Auch wenn wir Menschen häufig kein Problem mit dem Hausbesuch eines anderen Hundes haben, manche Hunde haben ein Problem damit. Vor allem territorial orientierte Hunde sind nicht gerade begeistert, wenn sich ein Rivale und Eindringling in ihrem Revier breitmacht. Sie drohen dann, knurren oder ziehen sich misstrauisch fixierend zurück und betrachten den Besuch von Weitem. Fast immer sind diese Hunde draußen und auf Spaziergängen sehr verträglich und spielen mit den gleichen Hunden ausgelassen, die sie zu Hause nur ungern dulden. Es gibt nur zwei Dinge, die Sie in diesem Fall machen können: Entweder Sie lassen keinen fremden Hund mehr ins Haus oder Sie trainieren aktiv daran, wenn es ein Problem für Sie ist – oder wenn dieses Verhalten so extrem ist, dass man es nicht mehr tolerieren kann. Da die Ursachen für ein derart abwehrendes Verhalten jedoch so vielfältig sind und es häufig mehrere Gründe hierfür gibt, wäre es fatal, an dieser Stelle ein paar kurze Ratschläge zu geben. Falsch trainiert, könnte sich das Problem verschlimmern. Es bleibt Ihnen in diesem Fall nichts anderes übrig, als sich einen kompetenten Trainer zu suchen, der das Training auf Ihren Hund und natürlich auch auf Sie abstellt.

Manchmal geschieht es aber auch, dass man selbst einen Hund besitzt, der sich als Gast nicht wirklich eignet und sich ständig danebenbenimmt, wenn auch nicht überall, so doch in einigen Häusern. Auch hier gibt es zwei Möglichkeiten: Entweder muss er sich ablegen und konsequent liegen bleiben – oder er bleibt draußen. Egal, für welchen Weg wir uns entscheiden: Hauptsache, wir schonen unsere Nerven und die unseres Gastgebers. Denn der kann am wenigsten dafür, wenn sich unser Hund nicht benimmt.

Danke …

… diesmal vor allem an die fantastischen Models Monty mit Barbara und Eva, Ronja mit Andrea und Jürgen, Henry mit Conny, Maja mit Jana. Mona hat zum Fotoshooting Sandra und Manfred mitgebracht. Jane, Julie und Lennox wollten Doro nicht zu Hause lassen. Ihr alle zusammen habt dieses Buch lebendig gemacht. Zwei Tage habt ihr euch brav benommen und gezeigt, wie toll es ist, gemeinsam unterwegs zu sein.

Jane, Julie und Lennox haben überall ausgeholfen, wo jemand fehlte. Henry und Monty schafften es sogar, sich im richtigen Augenblick zu prügeln, als die Kamera eingeschaltet war. Maja hat ihr Eis genossen und die anderen nicht einmal schlecken lassen. Mona hat uns vom ersten bis zum letzten Foto gezeigt, dass sie am liebsten Starmodel geworden wäre und eigentlich eine New Yorker Agentur sucht. Und Ronja – unsere Grande Dame – war zwei Tage lang sehr seriös … bis der erste Tennisball Jürgens Tasche verließ. In diesem Moment verlor sie ihre Haltung.

Und das haben wir alles fotografiert!

Die Autorin

Martina Nau lebt mit ihren drei Hunden am Niederrhein. Dort führt sie seit vielen Jahren erfolgreich eine eigene Hundeschule, in der sie Erziehungs- und Beschäftigungskurse, Einzeltraining und Antijagdtraining für

Foto: Bergob

Familien- und Jagdhunde anbietet. Ihre Bücher und Artikel in Fachzeitschriften entstehen immer aus der Verbindung von Theorie und Praxis. Martina Nau ist außerdem Autorin der im Cadmos Verlag erschienenen Titel *Hunde aus dem Süden*, *Auf und davon* und *Pubertät* und *wilde Zeiten*.

Zum Weiterlesen

Braun, Martina:
Verstehen Sie Hund?
Brunsbek: Cadmos Verlag, 2003

Coppinger, Ray und Lorna:
Hunde
Bernau: Animal Learn Verlag, 2003

Franck, Rolf C.:
Hab keine Angst, mein Hund
Brunsbek: Cadmos Verlag, 2008

Hallgren, Anders:
Mentales Training für Hunde
Brunsbek: Cadmos Verlag, 2003

Laser, Birgit:
Clickertraining
Brunsbek: Cadmos Verlag, 2000

Lehari, Gabriele:
Hundeverhalten
Brunsbek: Cadmos Verlag, 2008

Liebeck, Christiane:
Mantrailing
Brunsbek: Cadmos Verlag, 2006

Nau, Martina:
Auf und davon – Wie der Jagdtrieb des Hundes kontrollierbar wird
Brunsbek: Cadmos Verlag, 2008

O'Heare, James:
Das Aggressionsverhalten des Hundes
Bernau: Animal Learn Verlag, 2003

Schäfer, Sabine/Klär, Claudia:
Hundegymnasium – Übungen für Schlaumeier
Brunsbek: Cadmos Verlag, 2008

Sondermann, Christina:
Das große Spielebuch für Hunde
Brunsbek: Cadmos Verlag, 2005

Zaitz, Manuela:
Trickschule für Hunde
Brunsbek: Cadmos Verlag, 2007

Stichwortregister

CADMOS HUNDEBÜCHER

Dorothee Dahl

GRAUE SCHNAUZEN

Hundesenioren haben andere Bedürfnisse als junge Hunde. In diesem umfassenden Ratgeber für Besitzer und Pfleger alter Hunde erhält der Leser wichtige Informationen zu Ernährung, Gesundheit, alterstypischen Verhaltensweisen und zur Kommunikation, damit es schöne goldene Jahre werden.

80 Seiten
broschiert, durchgehend farb. Abb.
ISBN 978-3-86127-754-5

Martina Nau

PUBERTÄT UND WILDE ZEITEN

Dieses Buch begleitet Hundebesitzer durch diese schwierige Zeit und macht Mut, selbst bei extrem erscheinenden Problemen den Kopf nicht in den Sand zu stecken, sondern durchzuhalten und mit den richtigen Tricks und Methoden alles wieder ins Lot zu bringen. Konkrete Trainingsanleitungen bieten hilfreiche Unterstützung für den richtigen Umgang mit alterstypischen Problemen.

128 Seiten
farbig, gebunden
ISBN 978-3-86127-811-5

Martina Nau

HUNDE AUS DEM SÜDEN

Die Probleme sind nahezu immer die gleichen: ein hoher Jagdtrieb, ein großer Drang nach Unabhängigkeit und große Sensibilität, manchmal leider auch Aggressivität. In diesem Buch erfährt der Leser, wie man richtig mit diesen besonderen Hunden umgeht und wie man eine gute Beziehung aufbaut, um gemeinsam ein schönes und stressfreies Leben führen zu können.

112 Seiten, farbig, gebunden
ISBN 978-386127-800-9

Martina Nau

AUF UND DAVON

Außerhalb des beabsichtigten jagdlichen Einsatzes kann eine ausgeprägte Jagdleidenschaft sowohl für den Hund als auch für den Besitzer zu großen Problemen führen. Dieses Buch bietet die Lösung: ein hundefreundliches systematisches Antijagdtraining für alle Hunde, die unerwünschtes Jagdverhalten zeigen.

80 Seiten, broschiert, farbig
ISBN 978-386127-755-2

Christin Kaiter

FIT FÜR DIE BEGLEITHUNDPRÜFUNG

Die Begleithundprüfung gilt als Voraussetzung für jede anerkannte Hundesportart. Vorbereitung und konsequentes Training für ein erfolgreiches Bestehen der Begleithundeprüfung werden in diesem Buch, das auch das aktuelle Turnierreglement enthält, gut verständlich und leicht umsetzbar beschrieben.

80 Seiten, farbig, broschiert
ISBN 978-386127-751-4

CADMOS

Cadmos Verlag GmbH · Im Dorfe 11 · 22946 Brunsbek
Tel. 04107 8517-0 · Fax 04107 8517-12